Go
Go!

60秒＝1分鐘
1天只要1分鐘，
輕輕鬆鬆變美人！

加油！

漂亮！

這次絕對
告別小腹婆！

1天60秒瘦肚操

為了產後爆肥的愛妻

「高效簡易瘦肚操」誕生了！

Before

由於懷孕、生產，妻子的體重竟暴增21公斤。「因為我討厭運動，只要會感到辛苦的都不要！難道就沒有簡單而且能馬上有效塑身的方式嗎？」為了因應愛妻這樣任性可愛的要求，我研發了這一套瘦肚操！

3個月後……

-20kg

After

1天1分鐘1個動作，持續做3個月就瘦下20公斤!! 背部也挺直了起來，重獲美麗的體態！

說在前頭

我之所以會研發瘦肚操，一開始是為了解決妻子產後發福的問題。我是整體專家，每天由我為妻子進行整體是最好不過的。但是，靠人不如靠己，一位由我矯正過骨盆的客人也曾對我說：「如果不每天自我保養就會歪斜，希望老師能教我在家也能獨自矯正骨盆的方式。」我於是開始思考：是否有簡單且能自我矯正的方式？

瘦肚操不僅可以「瘦身」、「減重」，這些動作還能為你帶來「美麗的體態」。對於25歲以上的女性朋友而言，最煩惱的就是「小腹」，這套瘦肚操對瘦小腹特別有效，簡單的動作一天只需花1分鐘就能夠得到驚人的效果。由於瘦肚操裡也加入了矯正骨盆的技巧，因此雖然簡單但確實有效。持續進行瘦小腹的動作，代謝會變好，也能像我的妻子一樣變瘦。請你務必嘗試看看哦！

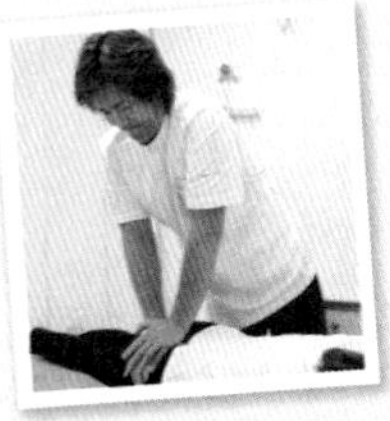

平時以美容整體師、訓練師的身分活躍於業界

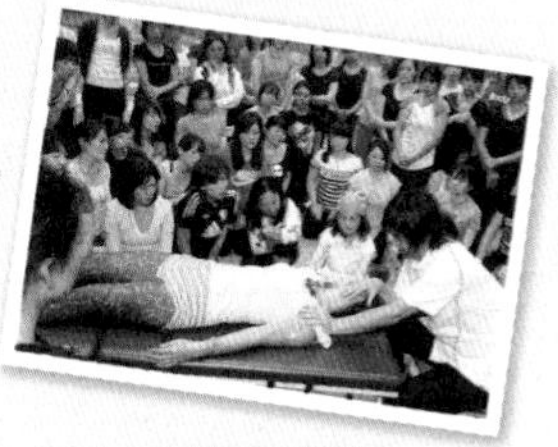

活動經常爆滿！

藉由瘦肚操成為體態美人吧！

大家一起做瘦肚操！

[美容整體訓練師]
波多野賢也

妻子現在也維持著美麗的體態

和心愛的兒子一同進行瘦肚操！

CONTENTS

2 說在前頭

STEP 1 因為小腹凸起形成不良體態！

8 這就是不良體態哦！小腹婆急速增加中!!
10 沒錯沒錯！就是這種體型！各種惱人的小腹凸起
12 理想體態的漂亮S——美麗的身體曲線
14 小腹凸起的原因是……骨盆歪斜&鬆弛！
16 萬惡的根源是歪斜&鬆弛……骨盆的挺立&收合！
18 歪斜？鬆弛？骨盆檢測大挑戰！
20 挺立？收合？注意骨盆的狀態！
22 想要打造顯瘦身材體態比體重更重要！

STEP 2 調整骨盆歪斜的瘦肚操

26 瘦小腹只要1天1分鐘 1個動作就OK!!

28 以鏡子進行自我觀察 確認自己的體態

30 正確的呼吸方式是成功的關鍵！ 一起來練習呼吸

32 瘦肚操

34 夜間的骨盆矯正動作

36 瘦肚操 早晚做，效果超明顯！

38 2週內能有多少改變!? 瘦肚操大挑戰!!

44 瘦肚操能夠幫你 自我矯正骨盆

STEP 3 小腹平坦還不夠！其他部位也要很漂亮！

50 調整其他部位 成為全方位體態美人!!

52 扭出迷人的腰部曲線

54 美腿&美臀動作

56 美腿&美臀動作 進階版

58 收縮上臂&後背

60 為什麼身材不完美!? 你是哪一種體態醜？

62 對應各種體態煩惱—— 不同動作的組合

68 注意身體的平衡—— 美麗體態DIY

STEP 4

養成好習慣，塑身效果UP！瘦小腹生活

72 怎麼會立刻變回不良體態!? 能持續，最重要!!

74 瘦肚操的最大優勢！任何地方都能做!!

76 ・美麗的姿勢不可少

78 ・正確的坐姿

80 ・正確的站姿

82 ・正確的走路方式

84 ・正確的睡姿

86 ・瘦肚操＋飲食新法

88 ・瘦肚操＋全身泡澡

90 ・「瘦小腹」的日常

92 ・瘦小腹紀錄表

94 寫在最後

24 COLUMN ① 為了成為體態美人 一定要實行肌力訓練或有氧運動嗎!?

70 COLUMN ② 對於女人而言，骨盆保養真的很重要嗎？

48 Q&A

STEP 1

因為小腹凸起 形成不良體態！

體態不良!?

美麗的關鍵不在於體重！見面時瞬間映入眼簾的「姿勢」才是關鍵，能立即決定一個人美麗與否。只要修正「不良體態」，就能夠優雅展現美姿美儀，效果驚人！

為什麼我看起來就是胖？

這就是不良體態哦！小腹婆急速增加中!!

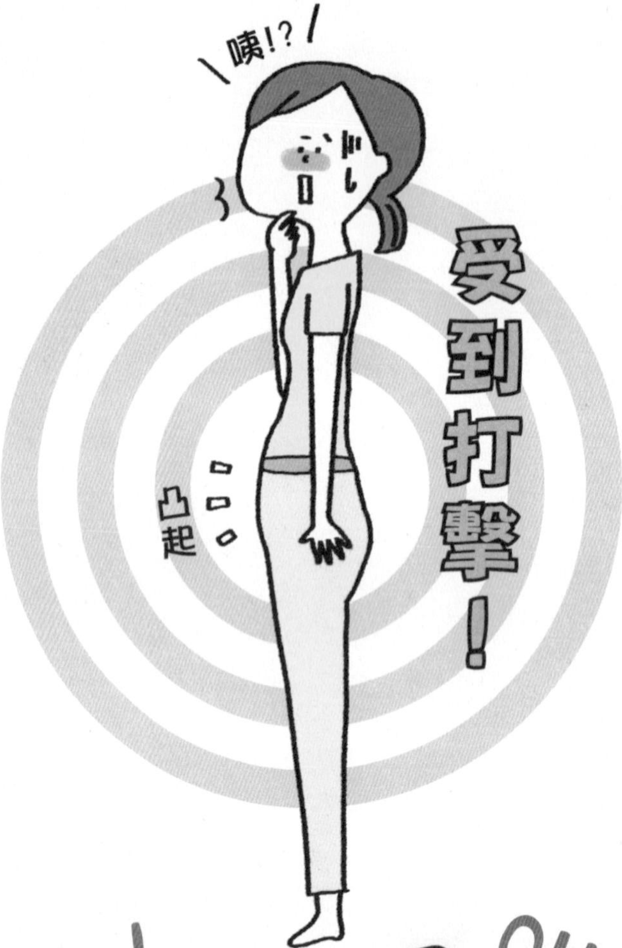

小腹貓

討厭運動又貪吃，在意小腹凸起的貓咪

體態小姐

為了維持美麗的身體線條不停努力著的體態美人

本書所介紹的
瘦肚操是
1天1分鐘就能夠瘦肚子的
魔法動作!!

1個動作
變身體態美人！

不麻煩！

立刻就能做！

到處都能做！

能明顯感受效果！

解決小腹凸起有方法！

即使相信自己絕對算不上是肥胖體型，平時也很注重體重和體脂率，但是為什麼鏡子裡的自己看起來總是這麼胖呢!?

擁有這種煩惱的你，或許就是因為擁有「不良體態」。隨著年紀增長，肌肉逐漸流失，小腹無情地隆起，臀部殘酷地下垂，背部醜陋地拱起……然而，就算擁有不良體態，不少人在雕塑身形的這條路上卻總是半途而廢。強烈建議這樣的你試試本書的「瘦肚操」！這個動作能夠讓人脫胎換骨，看起來更年輕、更健康、更美麗。一起找出小腹凸起的原因和改善方式，成為一名體態美人吧！

你是哪一種體型呢？

沒錯沒錯！就是這種體型！
各種惱人的小腹凸起

體重往往無法目測，身材卻一目瞭然！

雖然都是小腹凸起的不良體態，卻分為許多種類。有的是就算不胖，卻因駝背或骨盆前傾，使得身形看起來不美觀；有的是因為水腫造成腿部彈性不足，演變成下半身肥胖的「西洋梨體型」；也有不少人是因為產後骨盆鬆弛，進而出現小腹。你的身邊是否也有像上面這些體型的女性朋友呢？又或者你就是屬於其中的一種類型呢？

身體很瘦的小腹凸起

明明以前
全身都很苗條……

明明很瘦卻只有小腹凸出，這就是所謂的「嬰兒體型」。其中有許多人是因為便祕所引起的慢性小腹肥胖。

穿著禁忌

很容易看到小腹的緊身裙

全身肥胖的小腹凸起

不只小腹肥胖
全身也胖嘟嘟

沒有腰身且上半身也肥胖的人可能就是全身肥胖型。從30歲開始，每過5年體重就愈來愈容易增加！

穿著禁忌

暴露全身曲線的貼身洋裝

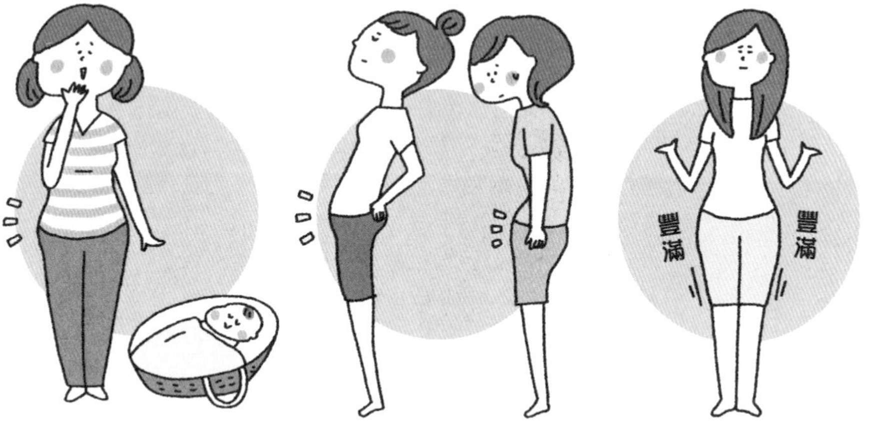

產後肥胖的小腹凸起

比起懷孕前
更容易胖！

由於生產造成骨盆歪斜或錯位而產生小腹凸出，並因內臟機能衰退而導致代謝緩慢，成為易胖體質。

穿著禁忌

會展現沉重小腹的合腰身上衣

姿勢不良的小腹凸起

有時連本人也不自覺
的不良姿勢

駝背會使得身材看起來不美觀，骨盆前傾會讓下半身看起來向前凸起。也有人為了隱藏凸出的小腹而駝背。

穿著禁忌

強調背部線條的貼身服飾

下半身肥胖的小腹凸起

從年輕時
就很有分量

正是所謂的「西洋梨體型」。如果重心的維持方式及走路方式持續造成腳部負擔，也會使得小腿肚或大腿變肥胖。

穿著禁忌

會讓胖胖大腿原形畢露的窄管褲

體重或體脂肪從外觀上無法得知，但遺憾的是，身材的好壞卻一目瞭然！因此，無論減下了多少體重，如果身材有上面任何一種狀況，就必須要特別當心。

年齡過了25歲之後，令人在意的小腹會很容易凸起，如果繼續像以前那樣不注重保養，隨著年齡增長身材也會逐漸跟著走樣。

本書並不是追求體重數字上的「苗條」，而是讓現有的肌肉和脂肪回歸原本應有的位置，帶領你努力成為全然不同的體態美人。請在腦海中描繪出自己理想的體態，同時付諸行動，向前邁進吧！

這種姿勢
看起來
才漂亮！

理想體態的漂亮S
美麗的身體曲線

呈現S型的身體曲線

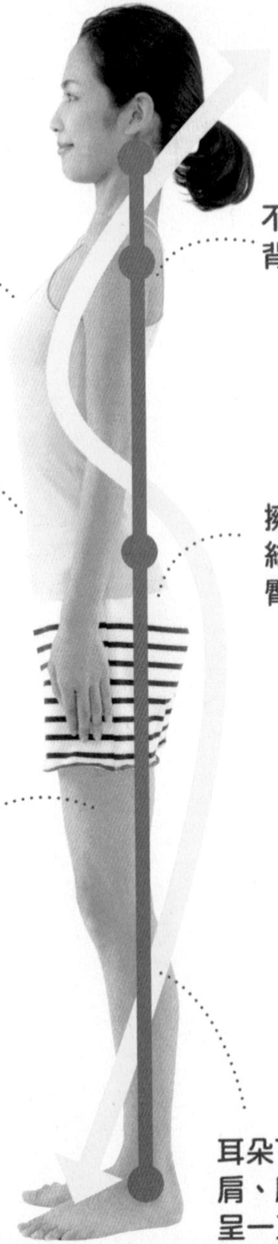

緊緻向上的
胸部
不會太彎的
背部線條
平坦的
小腹
擁有曲線且
結實上提的
臀部
不向外擴張
的大腿
耳朵下方、
肩、腰、腳踝
呈一直線

這才是理想的曲線！

從正面看，兩個S
字相連組成了一個
漂亮的8，這種才
是最理想的狀態。

怪異的S型曲線

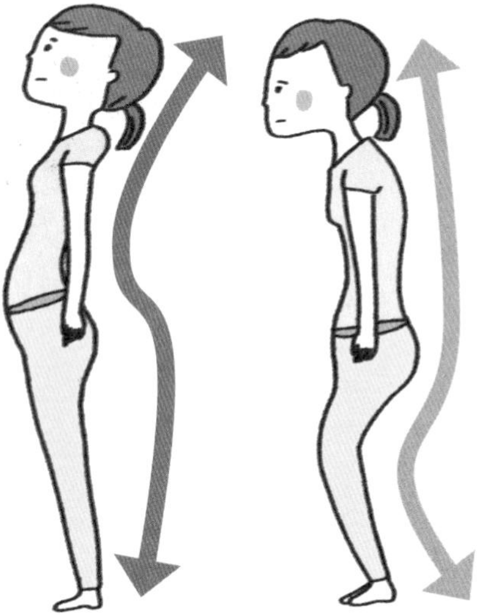

歪斜S字
曲線

腹部比起胸部更加凸出，為了取得平衡將下半身往前挺，有骨盆前傾的跡象。

駝背的
倒S曲線

或許是想隱藏凸出的小腹，所以拱起背部變成了駝背，也造成了臀部下垂、膝蓋彎曲的狀態。

隨著年齡增長而逐漸歪斜的S！

一個被稱讚為「美人」的理想體態，關鍵就在於從側面看時，身體呈現出柔軟的S型曲線。從耳下、肩、腰、腳踝必須連成一直線；胸部的高度位於肩膀與手軸中間，且應挺立朝上；臀部也應呈現緊實拉提的狀態——這就是應當追求的S型曲線。

然而隨著年齡增長，身體的曲線往往容易演變成倒S型曲線或歪斜的S型曲線。這是許多女性都有的煩惱，而這些煩惱的共通點就在於凸起的小腹！接下來，請隨著這本書的內容，一起探討小腹凸出的原因吧！

想擁有美麗的曲線

小腹凸起的原因是……骨盆歪斜&鬆弛！

小腹凸出的醜陋體態

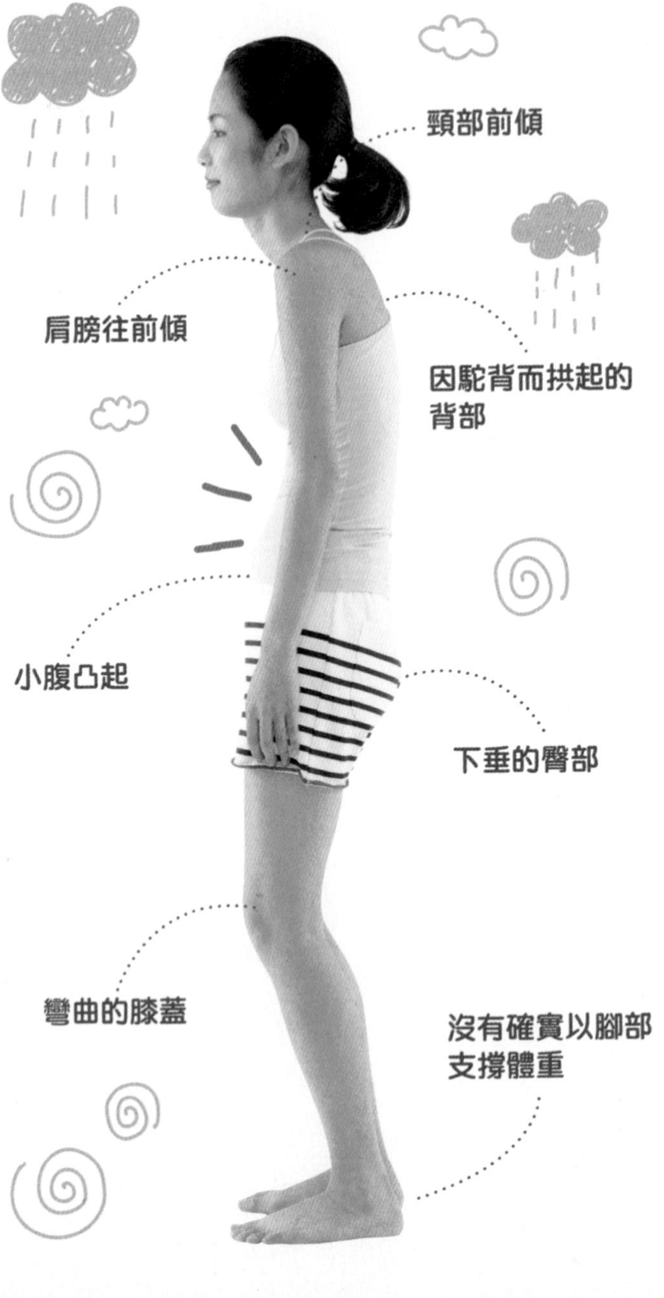
頸部前傾
肩膀往前傾
因駝背而拱起的背部
小腹凸起
下垂的臀部
彎曲的膝蓋
沒有確實以腳部支撐體重

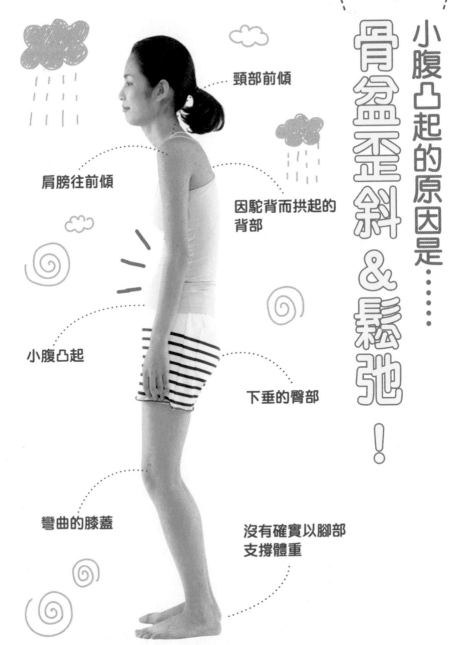

〈因為骨盆歪斜＆鬆弛導致內臟位置下垂!?〉

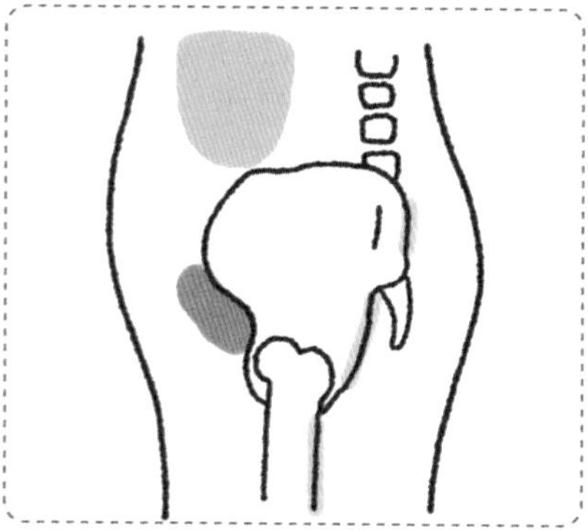

如果骨盆端正……

骨盆如果挺直端正，內臟和子宮的位置也會正確，身體備覺清爽。

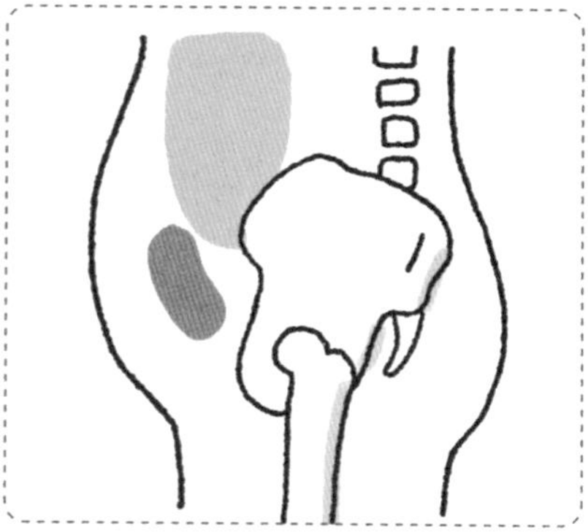

如果骨盆歪斜又鬆弛……

無法確實支撐內臟，內臟與子宮會因此下垂，且因為受到壓迫而凸出，致使產生小腹。

光是坐著，
也會造成歪斜與鬆弛！

如果站立時骨盆負擔為100%，那麼，毫無意識地坐著時，骨盆承受的負擔高達140%，工作時則會增加至180%。

隨著年齡增長 骨盆會逐漸鬆弛

為何小腹會凸出呢？

隨著年齡增長，骨盆歪斜和鬆弛會導致內臟位置往下移動（內臟下垂）。由於內臟和子宮下移並向前凸出，因此使得小腹格外明顯，導致體態失衡。

造成小腹凸起的原因除了骨盆鬆弛之外，基礎代謝率低、水腫、身體冰冷、肌力不足等各種因素也會造成小腹便便。小腹一旦隆起並往前凸出，內臟和子宮等部位自然就會因寒冷而代謝變差，由此可知，骨盆的歪斜與鬆弛正是這個惡性循環的源頭。為了防止體寒而使脂肪逐漸囤積，請務必正視這個問題。

如此一來，
答案立現！

萬惡的根源是歪斜＆鬆弛……骨盆的挺立＆收合！

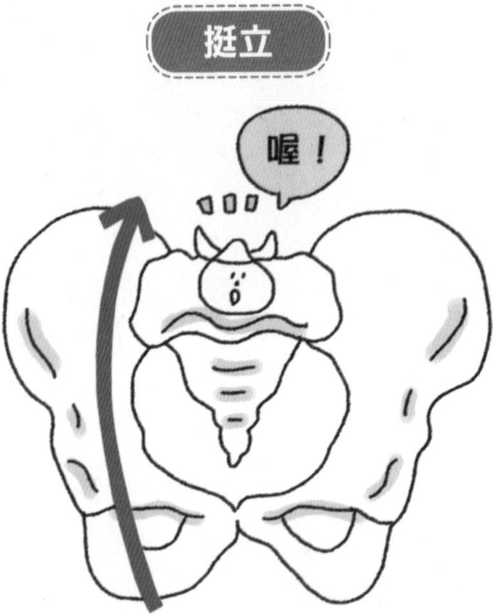

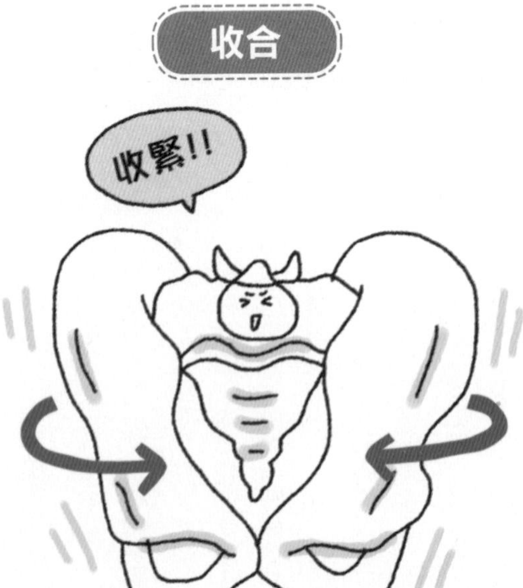

〈 挺立&收合骨盆，外形變美麗！ 〉

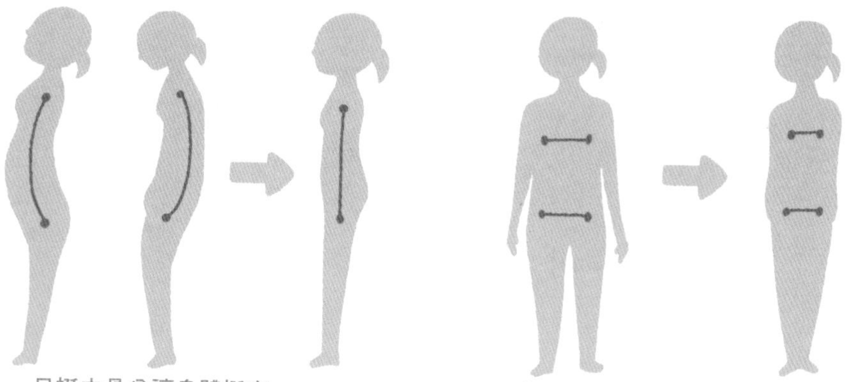

一旦挺立骨盆讓身體挺直……
可以矯正歪斜的S型曲線，變成筆挺且窈窕的體態！

一旦收合骨盆讓身體緊縮……
光是緊縮時的力量，就能夠讓身體正面的寬度立刻變窄，成為纖細的體態！

肩胛骨是「上半身的骨盆」，千萬別忽略它！

和骨盆一起支撐著上半身的是肩胛骨。藉由肩胛骨的挺立與收合，背部會覺得相當舒暢，且能形成向上拉提的漂亮胸線。

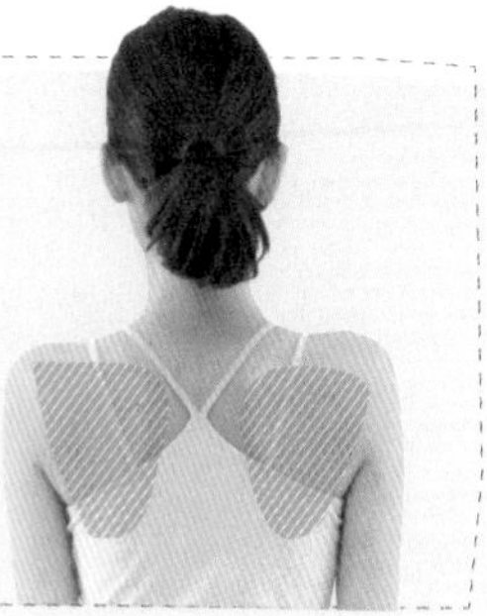

將骨盆調整到正確位置，身體不適一掃而空！

由於骨盆歪斜和鬆弛會導致小腹凸起，為了更加接近美麗體態，相信你已經瞭解「調整骨盆」的重要性了。

一個人若骨盆歪斜、前後傾倒或左右產生高低差，身體的骨架會因此失衡，這個時候特別需要「讓骨盆筆直地挺立」。骨盆鬆弛會讓腰圍寬度增加，這樣的人則需要「收合骨盆」。又挺立又收合，如此一來小腹就會平坦。

當內臟回歸到正確的位置時，由於骨盆不再歪斜，血液循環會變得很好，也會提高身體的代謝率。多餘的脂肪會逐漸消失，身體冰冷或便祕等長期不適的症狀也會得到緩解與改善。骨盆的挺立與收合是相當重要的美體功課！

你的骨盆沒問題嗎？

歪斜？鬆弛？骨盆檢測大挑戰！

檢測骨盆的方式

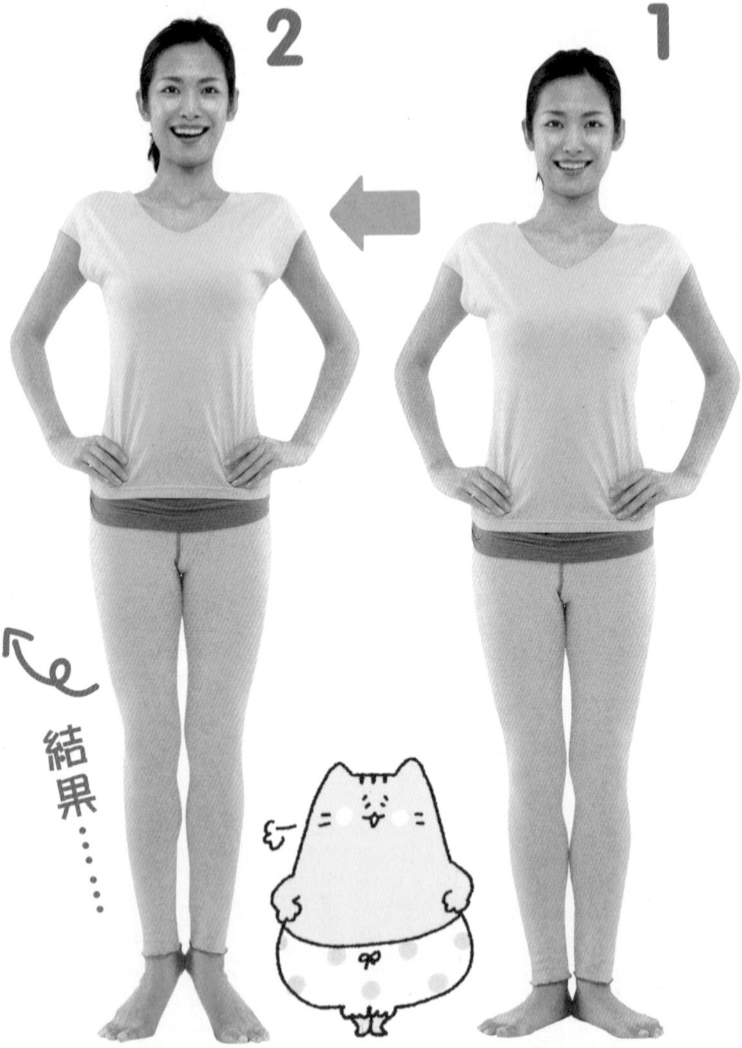

1. 腳跟併攏，雙腳呈90度打開

2. 腳跟維持併攏狀態，僅以腳尖站立

腳跟分離

骨盆鬆弛！

腳跟分離的人骨盆已經鬆弛。如果就這樣放著不管，內臟會逐漸下垂，將來也會有漏尿的可能！

左右搖晃

骨盆歪斜了！

以腳尖站立時，上半身如果左右搖晃，這就代表骨盆左右不對稱，證明骨盆已經產生歪斜。

請試試

肩胛骨檢測

1. 雙手手肘到手指的這個部位併攏，置於胸前。
2. 在併攏狀態下，把手肘垂直上提，超越下巴高度。

檢測肩胛骨的活動範圍！

手肘無法併攏的人肩胛骨相當僵硬，如果無法往上抬高手肘，這就是活動範圍變窄的證據！

前後晃動

骨盆前傾或後傾

毫無疑問，如果倒向前方的人就是骨盆前傾，倒向後方的人就是骨盆後傾。這也是小腹凸起的原因。

你的骨盆在哪裡？？

挺立？收合？注意骨盆的狀態！

知道自己骨盆的位置嗎？

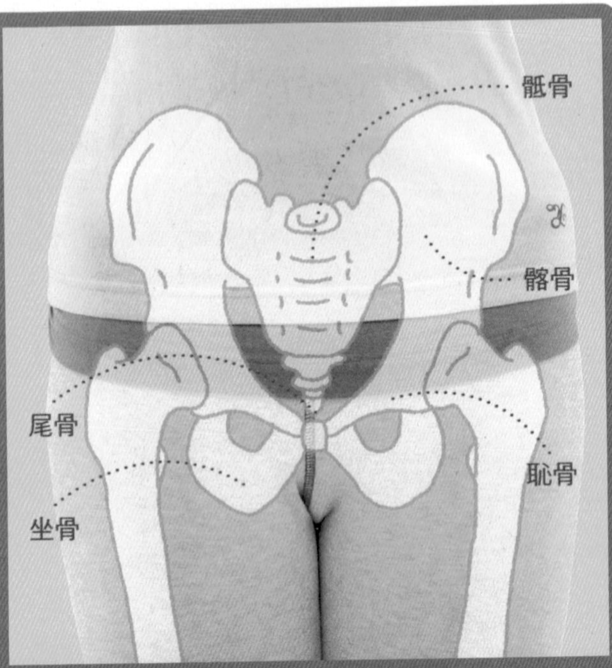

骨盆位於全身的中央，除了包覆膀胱、子宮、直腸等器官，同時還肩負起支撐上半身與下半身的重要工作。

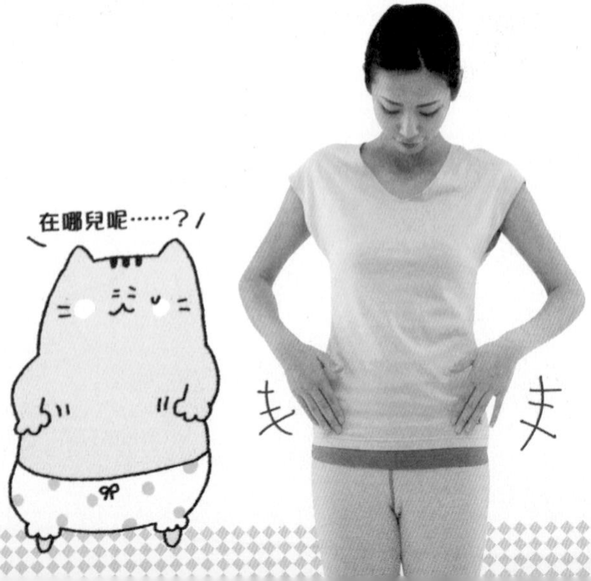

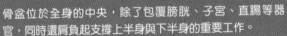

一邊觸摸骨盆一邊感覺「挺立」
與「收合」吧！
光是這個姿勢也能夠進行伸展！

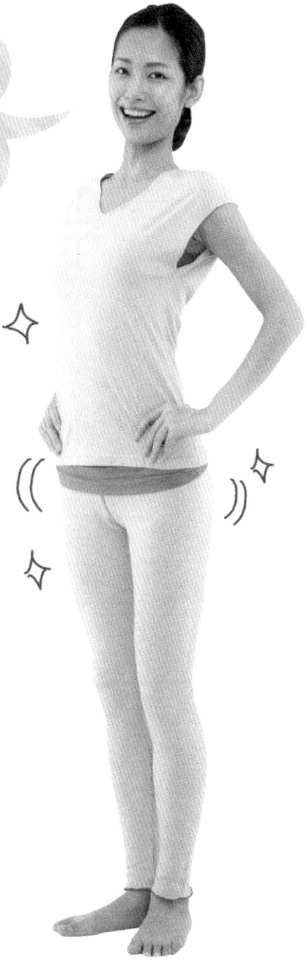

〈 坐著感受骨盆的狀態！ 〉

椅子如果坐得淺，
骨盆就會挺立！

以淺坐的方式讓臀部和背部自然挺立，骨盆也會呈現筆直挺立的正確狀態。

椅子如果坐得深，
骨盆就會傾倒！

如果靠著椅背深坐，臀部會向後傾斜，骨盆也會呈現傾倒的狀態。

瞭解骨盆狀態，實際感受效果！

歪斜鬆弛的骨盆一旦回復正確狀態，腰部位置會向上提升，小腹也會變得平坦，腿部看起來自然就會修長。

一起來尋找自己的骨盆位置，理解自身目前的狀態吧！觸摸骨盆時，以眼睛觀察也是很重要的。骨盆狀態因人而異，有的人會因為骨盆兩側的骨頭尖端凸起於腹部，或過於向外翹而感到疼痛，這種情況正是因為骨盆鬆弛或前傾。

充分觸摸、觀察並一邊感覺一邊試著做些動作，感受自己的骨盆狀態有助於讓自己的姿勢更加美麗。

就是這麼一回事兒！

想要打造顯瘦身材 體態比體重更重要！

小腹貓也因為「挺立」與「收合」而變身為苗條貓！

〈 導正骨盆位置，使肌肉正確附著！ 〉

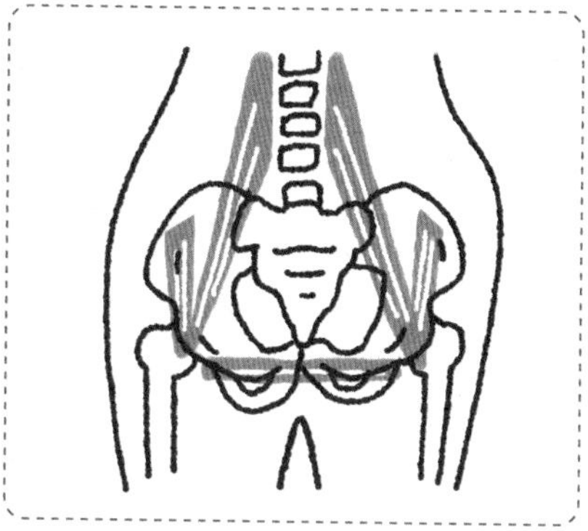

肌肉和骨頭緊貼在一起

骨盆呈現收合狀態，支撐骨盆的肌肉緊緊貼附。

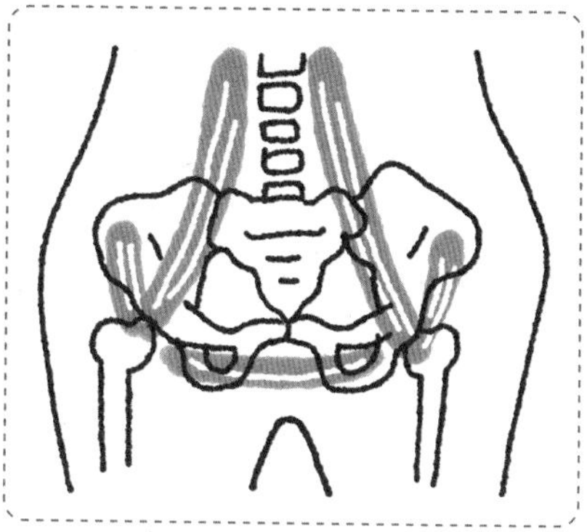

肌肉和骨頭未附著在一起

骨盆鬆弛歪斜，肌肉未緊緊貼附骨頭。

並不是將骨盆變小！

就算進行挺立與收合的動作，骨頭本身大小並不會因而改變，但是只要將骨盆回復至正確狀態，身形的變化絕對會超乎預期！

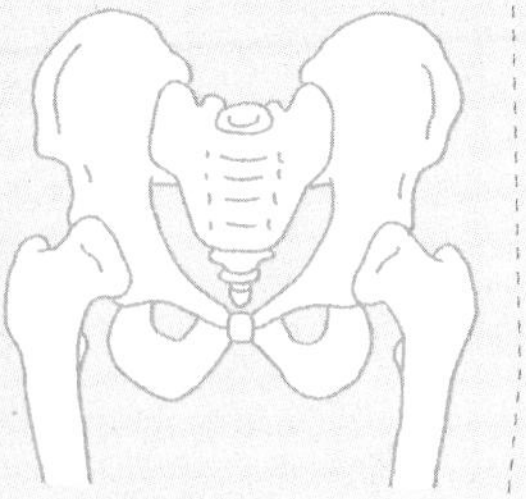

拉提腹部
使縱向肌肉伸展！

如果只靠著減輕體重，體態上的協調感並不會有所改變。與前面提到的改善內臟下垂相同，將容易往橫向擴展的肉（脂肪）縱向拉伸是很重要的。

將骨盆挺立、收合，藉此調整骨頭位置，讓深層肌肉緊貼於骨骼上，脂肪的位置與形狀也會隨之改變。與其拚命減去體重，倒不如追求「看起來苗條美麗」，如此不但更為健康，而且在施行上也比較沒有壓力。

當然，如果沒有持續調整骨盆，骨骼就會立刻歪掉。所以請每天調整骨盆，讓自己努力擁有美麗的身體線條，而這也是我研發瘦肚操的目的！

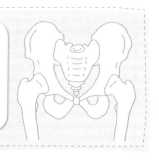

COLUMN 1

為了成為體態美人 一定要實行肌力訓練或有氧運動嗎 !?

為了成為體態美人，努力讓自己擁有女性特有的柔軟線條是一大關鍵。但是，就算進行肌力訓練及有氧運動，就算再怎麼努力減去體重或降低體脂率，如果骨骼的位置不正確，體態上的平衡感依然會顯得不佳。

所以最重要的還是調整骨骼，並且試著鍛鍊靠近骨頭的深層肌肉。平時愈是覺得自己運動不足的人，身體的協調性就愈差，在這種情況下持續生活，一旦開始試著運動，就很容易會造成身體很大的負擔，會讓身體徒增協調性不良的肌肉。

瘦肚操的動作很容易就確認出姿勢應有的「正確形式」，因此比較不會以錯誤的方式持續瘦肚。更何況運動不足的人更應該試著先從1天1分鐘的動作開始，不是嗎？

STEP 2

調整骨盆歪斜的瘦肚操

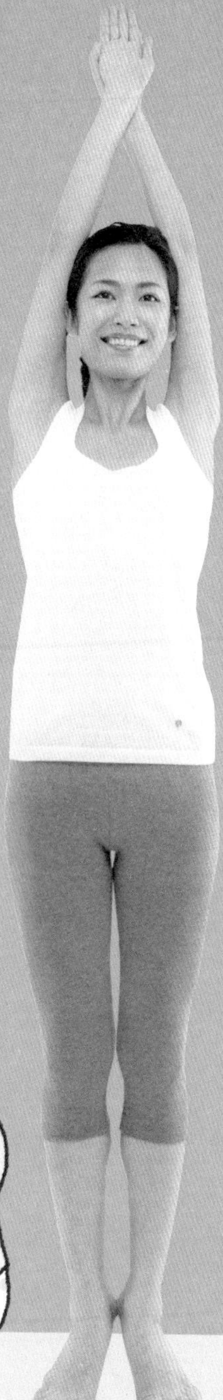

小腹，要平坦！

已經瞭解骨盆歪斜對身體造成多大影響了吧？接下來一起實踐讓骨盆挺立與收合的瘦肚操吧！

瘦肚操的無窮魅力！

瘦小腹只要1天1分鐘
1個動作就OK!!

瘦肚操好處多多！

效果看得見！

隨時隨地都能做！

1天1分鐘1個動作！

可以重複一直做！

不會做錯！

想到就能馬上動一動！

狹小的地方也可以進行！

動作簡單不複雜！不辛苦所以能持續進行

在前面的單元中我說明過，骨盆歪斜與鬆弛是造成小腹凸起的關鍵因素。人類本來就是一邊向右旋轉一邊被生下來的，因此有高達九成以上的人，一出生骨盆就向右上方傾斜。隨著年齡增長，骨盆愈來愈歪斜，所以應該要每天持續調整骨盆的位置。

這一套瘦肚操就是以簡單且每天可進行為目標！因為動作不會令人感到辛苦，在1個動作的基礎上很容易每天持續下去。為了避免讀者持續以錯誤的方式瘦小腹，動作設計得很簡單，很容易上手，也很容易確認是否做得正確，任何人都能立即開始。

準備篇
①

以鏡子進行自我觀察 確認自己的體態

成為體態美人的第一步
就是要先瞭解自己！

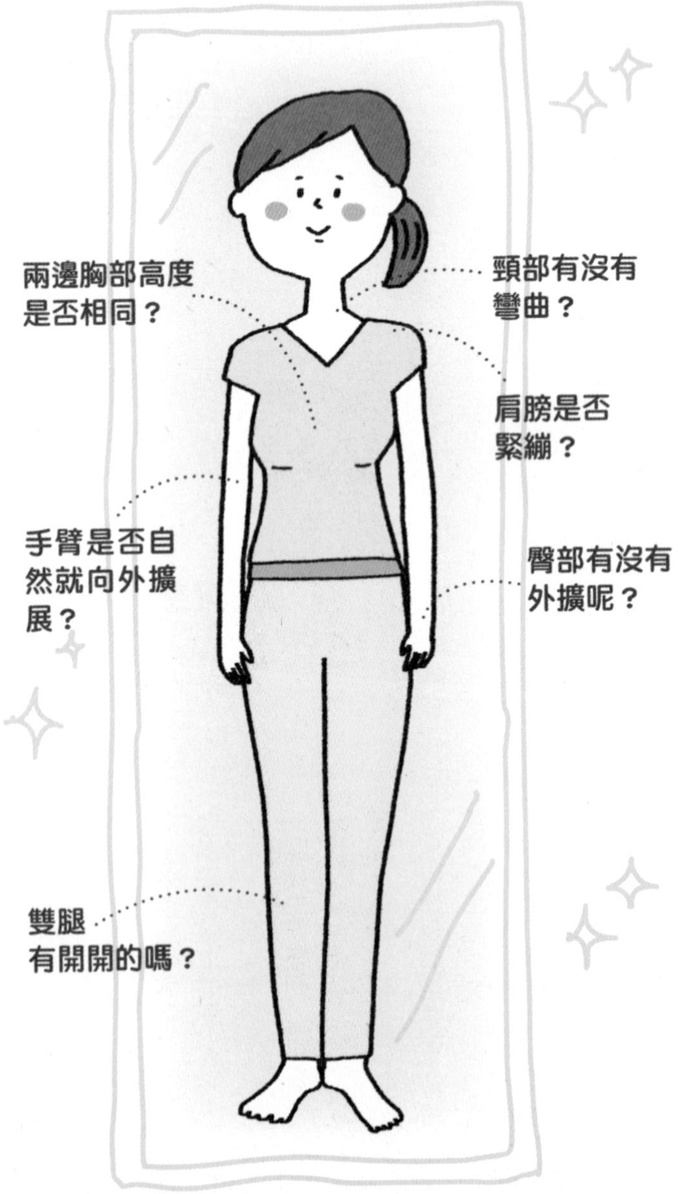
兩邊胸部高度
是否相同？
頸部有沒有
彎曲？
肩膀是否
緊繃？
手臂是否自
然就向外擴
展？
臀部有沒有
外擴呢？
雙腿
有開開的嗎？

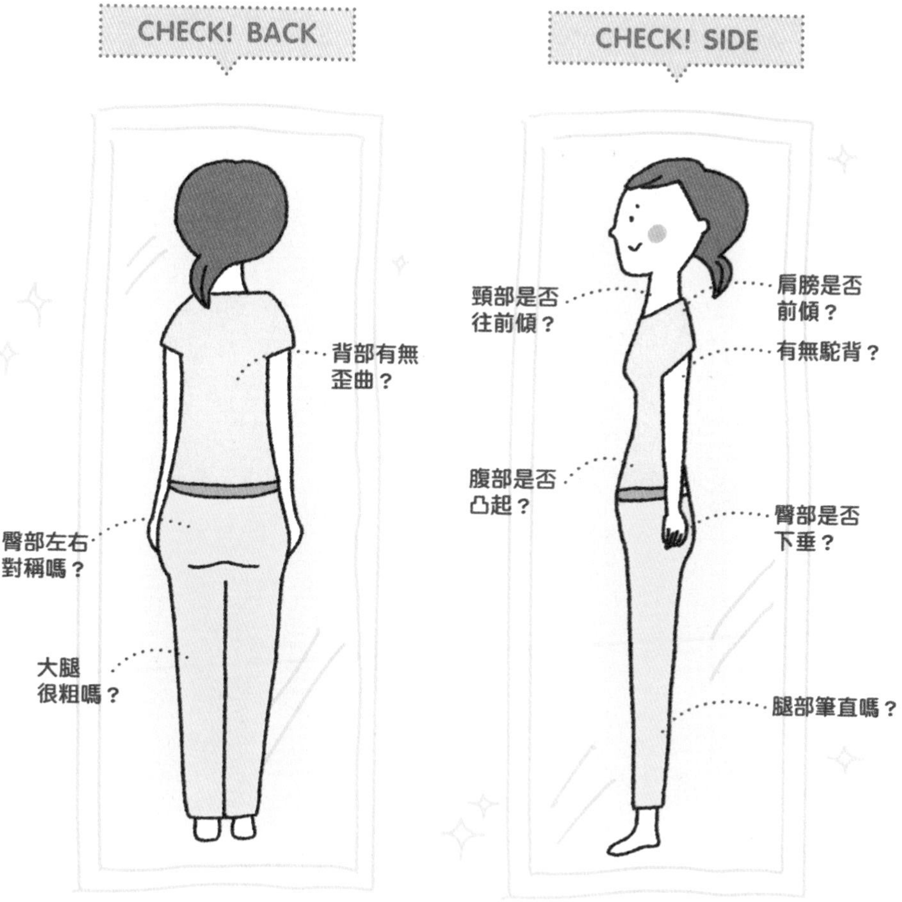
CHECK! BACK
背部有無歪曲？
臀部左右對稱嗎？
大腿很粗嗎？
CHECK! SIDE
頸部是否往前傾？
肩膀是否前傾？
有無駝背？
腹部是否凸起？
臀部是否下垂？
腿部筆直嗎？

從正面・側面・背面確認全身姿勢

在開始進行瘦肚操之前，必須先掌握自己目前的狀態。在鏡中檢測自己的姿勢，確認站姿和一些習慣性動作。

首先從正面觀察，確認臀部是否有左右外擴的情況。接著從側面自我檢視，確認是否有駝背或骨盆前傾。理想的正確姿勢就如同前文所提到的，從耳下、肩、腰、腳踝必須呈一直線。若腹部比胸部還要凸出，就是「歪斜的S型」體態，請注意。也請同步確認是否有膝蓋彎曲、下巴外凸等狀況吧！

平時保持「注意自己」的習慣，這樣一來實行瘦肚操的效果也會大幅提升。

準備篇②

正確的呼吸方式是成功的關鍵！一起來練習呼吸

以鼻子吸氣…

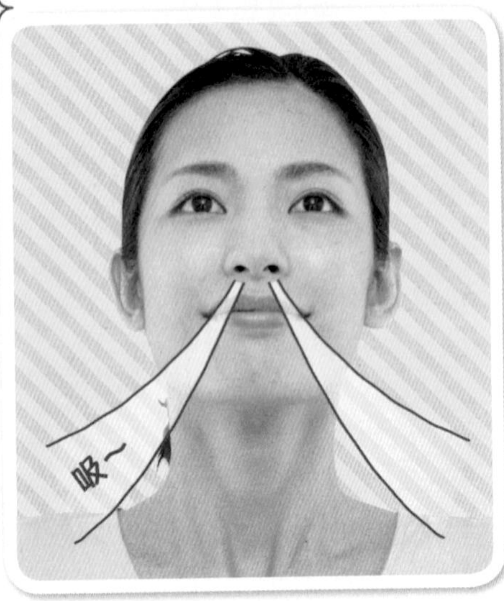

以鼻子吸氣3秒

在放鬆的狀態下以鼻子吸氣3秒。使用腹式呼吸法，讓肚子鼓起。

以嘴巴吐氣！

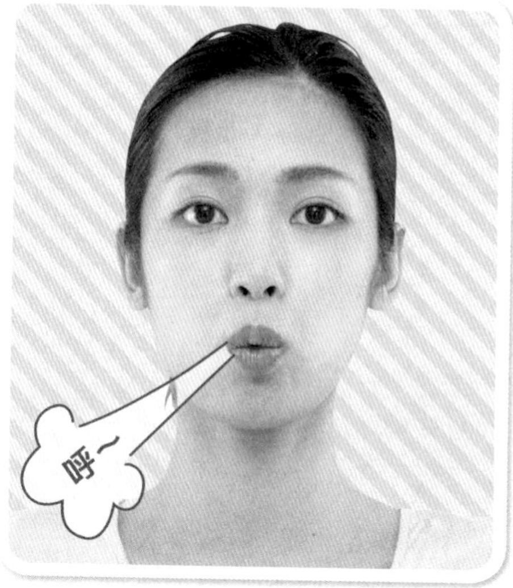

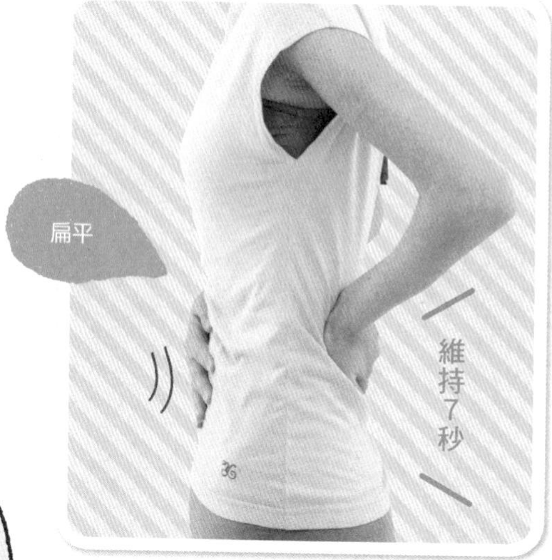

以嘴巴一次將氣吐出

將肚子裡的空氣一次吐出。氣吐出後，腹部扁平的狀態維持7秒。

瘦肚操

只做1分鐘就能讓體態變漂亮！

1 腳跟併攏，挺直站立

注意身體不要傾斜，並且不要聳肩。膝蓋併攏，兩手放鬆。

這個姿勢能將骨盆固定在正確的位置上！

腳跟相連，盡量呈90度張開。

NG!
手部未貼合

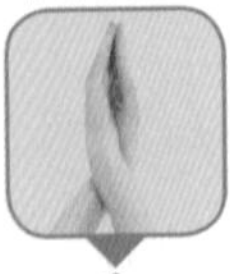

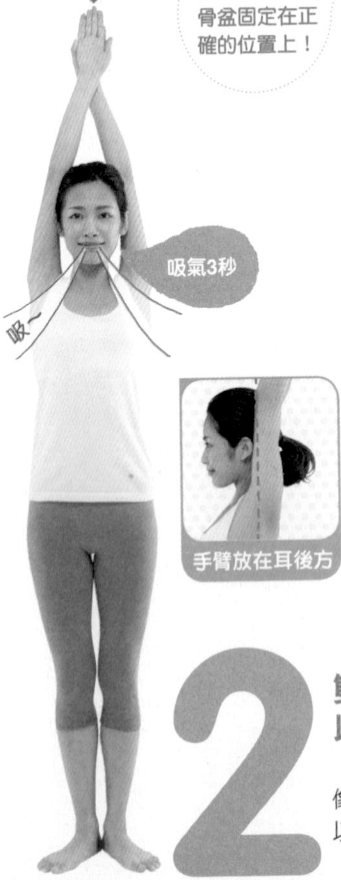

手臂放在耳後方

2 雙臂高舉且雙手重疊，以鼻子吸氣

像要勒住頭部般雙臂牢牢交錯，以鼻子深深吸氣3秒鐘。

POINT

- 腳跟絕對不可以分離
- 注意呼吸方式
- 一口氣伸展全身

Pose

想像著被拉
向天花板的
感覺！
氣完全吐光
的狀態

靜止7秒！

3

一邊吐氣
一邊向上伸展

以腳尖站立，向上延展全身，同時一口氣把氣吐出。

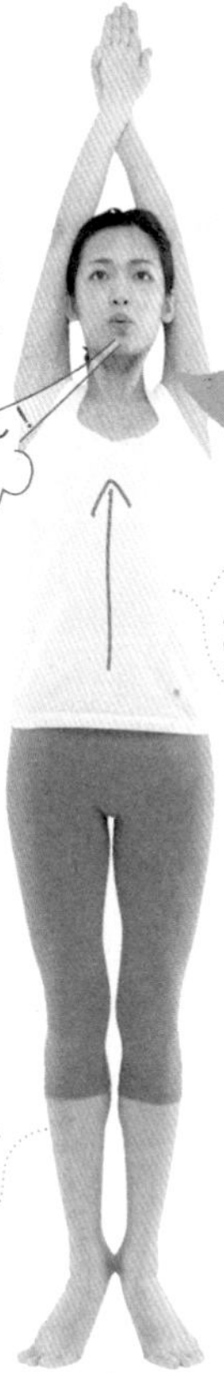
呼～！
一次把
氣吐出
此處要確
實伸展。
雙腳併攏，
膝蓋、腳跟
不要分開！

上半身稍微向後彎！

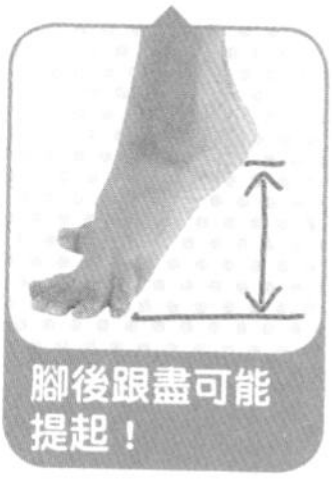
腳後跟盡可能提起！

1次15秒
早晚各做2次，合計1天1分鐘！

4

氣吐光後，
維持7秒不動！

維持腳跟上提的姿勢，保持這個姿勢靜止7秒。

骨盆與腿部的歪斜

夜間的骨盆矯正動作

配合基本的瘦肚操，效果加倍！

1 全身趴下，臉部朝向側邊

臉部請朝向等一下要舉起腳的方向。雙手自然地放置在身體兩側。

抬起左腳時，臉部就朝向左邊。

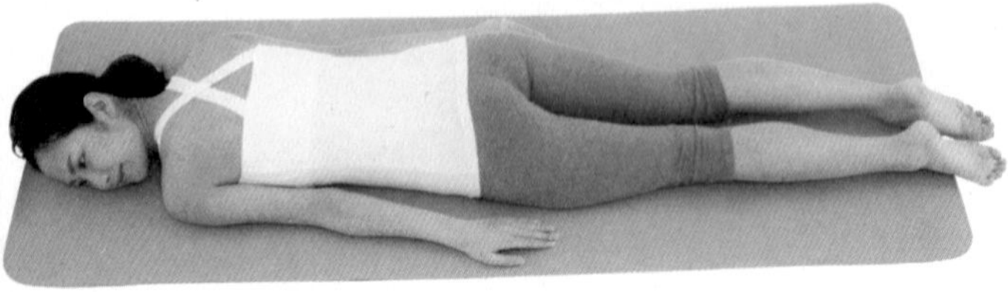

2 一腳向側邊呈45度打開，並將膝蓋與後腳跟直角彎曲。

將打開的那一隻腳的膝蓋和腳跟刻意彎成直角。

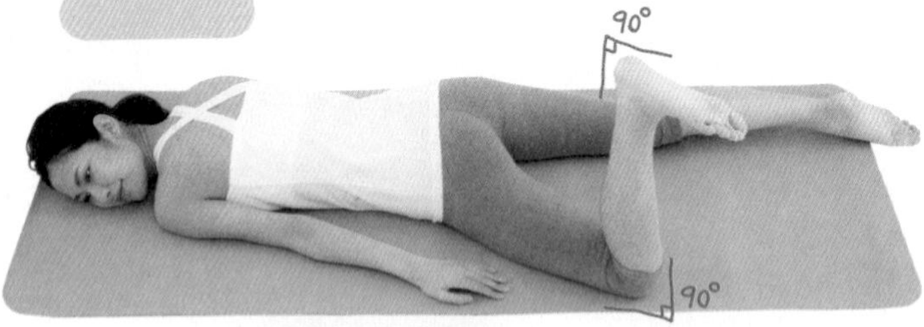

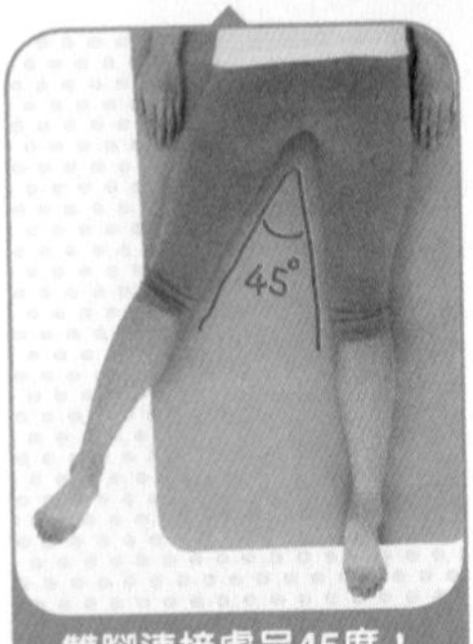

雙腳連接處呈45度！

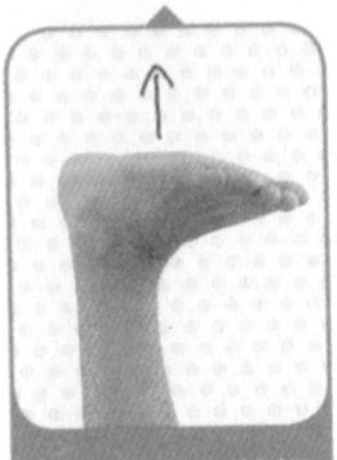

腳底朝向天花板

POINT

- 臉部方向配合腿部動作
- 腳踝彎成直角
- 腿部垂直舉起

3 將腳部往上抬，維持5秒鐘！

腳底朝向天花板，大腿離地，將腳跟向上推。

Pose

腳跟向上推！
上半身不要出力。
不要用力上提！

靜止5秒！

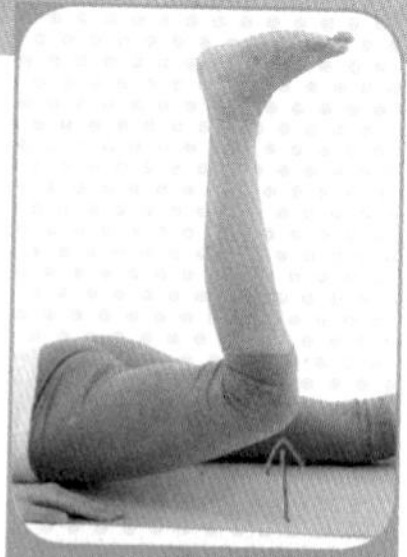

膝蓋上提約8cm！

左右腳都這麼做 5秒×3次 ｜ 只需重複步驟3的動作

睡前進行這個動作，幫助重整骨盆！

為了在一天結束後重整疲勞鬆弛的骨盆，就做這個動作吧！很適合重新矯正身體的歪斜！由於骨盆收合，因此臀部位置會上升，還能調整不對稱的左右腳長度喔！

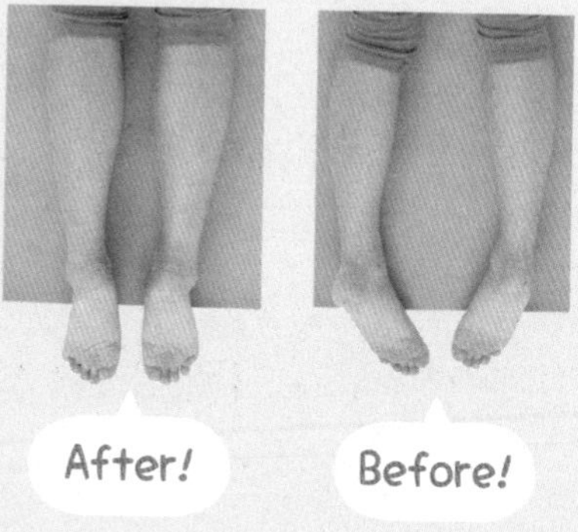
After!
Before!

好想要快點
看到效果……

瘦肚操 早晚做，效果超明顯！

一天的瘦小腹行程

早
瘦肚操
2次共30秒

晚
瘦肚操
2次共30秒
+
晚上一起做，效果加倍！
夜間的骨盆矯正動作
左右各3次共30秒

要注意的NG動作

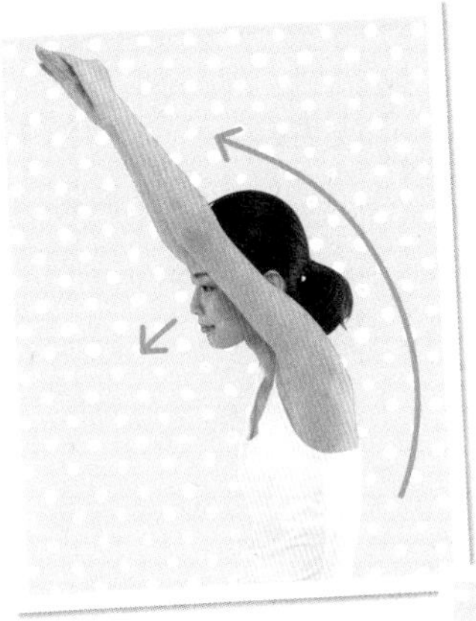

伸展時向前傾！
臉部朝下！

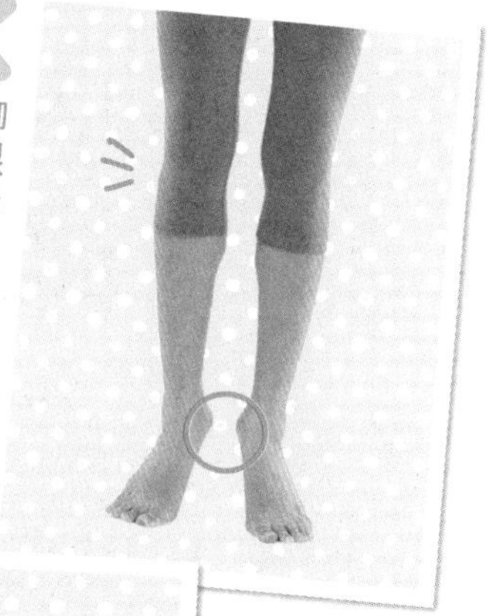

腳跟未併攏！
兩腳分開！

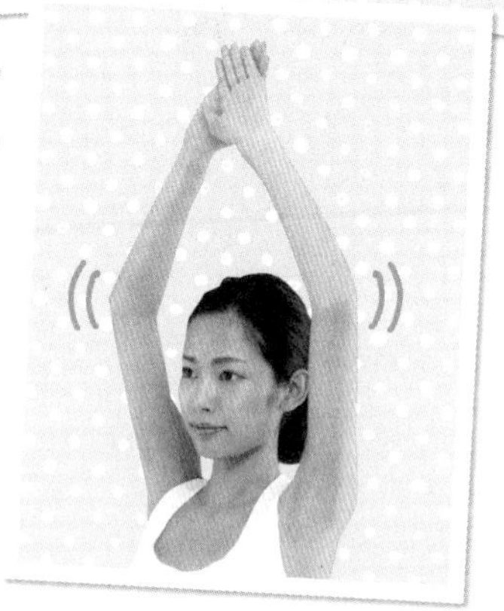

雙臂沒有伸直！
未正確呼吸！

＊如果肩膀無法抬起，或感到疼痛，不要勉強自己一下子擺出正確動作，慢慢地朝正確姿勢邁進即可！

為什麼只做這些動作就有效果？

瘦肚操基本上只要早晚各進行2次即可。1個動作1天做1分鐘，搭配夜間的骨盆矯正動作，一共1分30秒！如果無法早晚都進行，只有早上做也沒關係。起床後做一做瘦肚操，連同骨盆一同喚醒內臟機能，矯正歪斜的身體，提升之後活動的脂肪燃燒率，成為「易瘦體質」。夜間的骨盆矯正動作則能夠將骨盆密集地導向正確位置。努力調整骨盆，就能讓疲勞的全身回復至正常狀態。

做動作時只要留意上述的NG動作，就能夠確實看見成果。有這樣一套高效能的瘦肚操，你還在等什麼呢？

認真實踐！

2週內能有多少改變!?
瘦肚操大挑戰!!

Before

File 1

淺井香利
33歲・家庭主婦

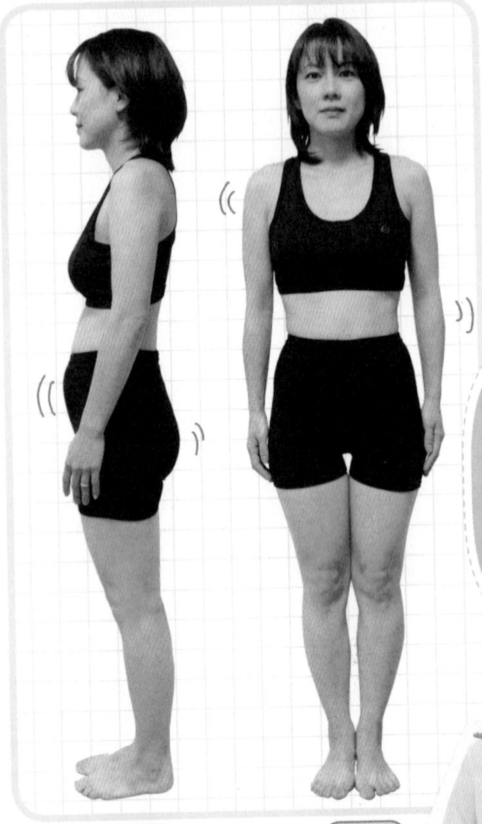

Side　　Front

淺井小姐生產完後，身體就處於歪斜的狀態，小腹也確實需要注意保養。努力回復原本的身材吧！

希望回復到生產前的身材！

2013年8月生下第3個小孩，目前是全職媽媽。忙於家事和育兒，身材因此走樣。最希望能夠回復到生產前的美麗身材。

DATA	（身高153cm）
腰圍	63.2cm
下腹圍	66.5cm
臀圍	88.6cm
大腿圍	49.2cm
膝蓋圍	36.3cm
小腿肚圍	31.8cm
上臂圍	25.0cm
體重	43.0kg

如此驚人的差異！

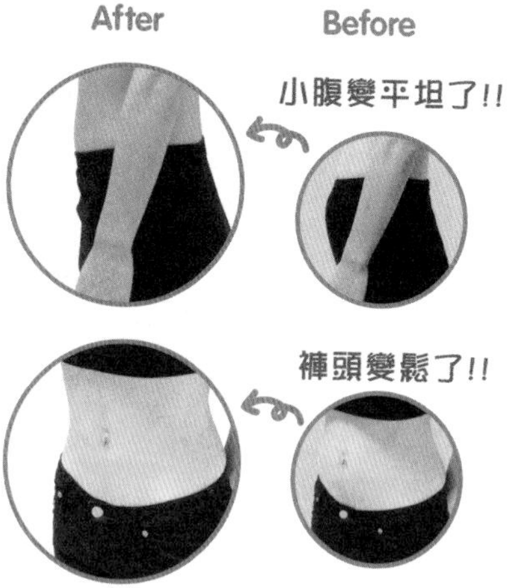

After
Before
小腹變平坦了!!
褲頭變鬆了!!

產生這麼大的變化！

腰圍	59.0cm	-4.2cm
下腹圍	62.3cm	-4.2cm
臀圍	86.8cm	-1.8cm
大腿圍	47.7cm	-1.5cm
膝蓋圍	34.6cm	-1.7cm
小腿肚圍	31.8cm	±0.0cm
上臂圍	23.0cm	-2.0cm
體重	44.0kg	+1.0kg

After

腰圍 -4.2cm！
小腹 -4.2cm！
Side
Front

自學生時期以來，第一次小腹變平坦！

由於動作很簡單，所以曾經擔心是否真的會有效果。到了接近最後一天時，腹部四周確實感到愈來愈輕盈。

看到結果和照片我嚇了一跳！儘管體重上升1公斤，身形看起來卻變得如此苗條！

褲頭附近逐漸變得寬鬆，我感到非常驚訝。這個瘦小腹的動作今後我將會持續做下去！

開始在意晚餐的品質！

懷抱著女兒的同時，就算只能進行腿部的動作也要把握機會！

Before

File 2

野村由美子

49歲・家庭主婦

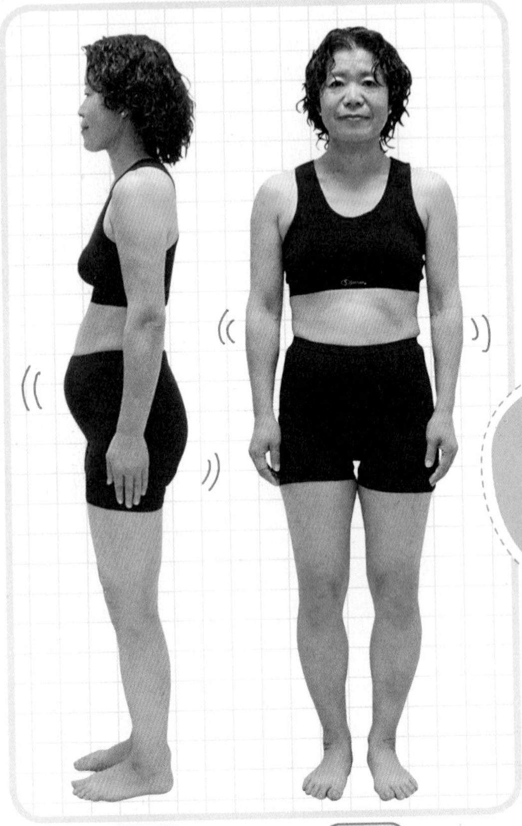

Side　Front

野村小姐所在意的地方果然還是小腹！長年的身體歪斜造成錯誤的肌肉附著方式。只要修正歪曲的體態，應該就能夠大幅改善！

由於下半身肥胖，無法穿上想穿的服裝！

最大的煩惱就是無論怎麼努力，體重都不會下降。由於下半身肥胖，已經丟掉不少美麗的衣服。想穿修身的洋裝，卻都因為小腹凸起而無法如願以償。

DATA	（身高 153cm）
腰圍	70.5cm
下腹圍	72.4cm
臀圍	90.4cm
大腿圍	49.8cm
膝蓋圍	38.6cm
小腿肚圍	33.8cm
上臂圍	27.4cm
體重	51.0 kg

如此驚人的差異！

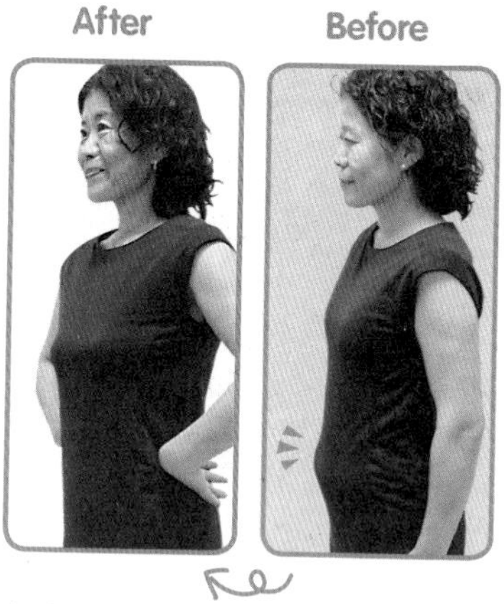

能穿下以前想穿的洋裝了！

產生這麼大的變化！

腰圍	64.2cm	-6.3cm
下腹圍	64.3cm	-8.1cm
臀圍	89.2cm	-1.2cm
大腿圍	50.2cm	+0.4cm
膝蓋圍	38.6cm	±0.0cm
小腿肚圍	33.8cm	±0.0cm
上臂圍	25.2cm	-2.2cm
體重	50.0 kg	-1.0kg

可以穿下洋裝了！連自己都感到驚訝！

第一天進行瘦肚操時，已經發現自己的臀部曲線變得漂亮，但我沒有進行飲食控制，也常吃零食，曾經很擔心生理期前的「易胖期」或旅行吃太多時會變得更胖。沒想到，在這種情況下，我的小腹減了8公分以上，真的很開心！現在要做的事就是和女兒一起穿得漂漂亮亮，出門逛街！

全家人一起去的溫泉旅行。由於不想剩下飯菜，吃很多！

在家中進行！由於做這個動作不占空間，因此可隨處可進行。

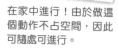

File 3

清水由希

26歲・家庭主婦

After

腰圍 -2.0cm！
小腹 -7.5cm！

Before

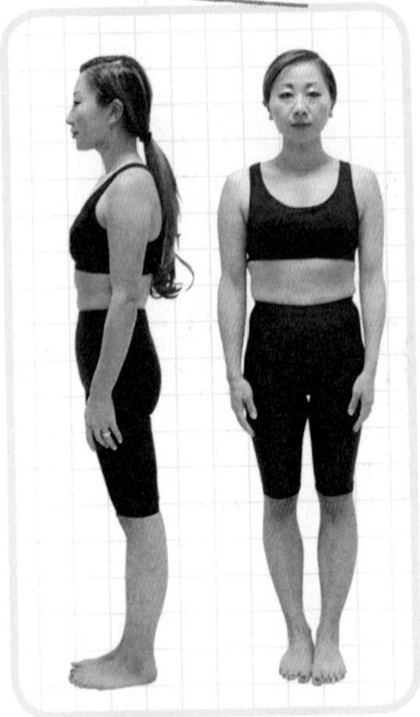

File 4

松村ゆかり

50歲・上班族

After

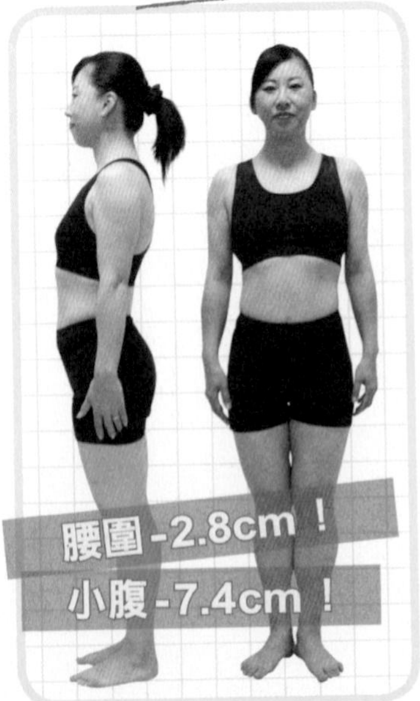
腰圍 -2.8cm！
小腹 -7.4cm！

Before

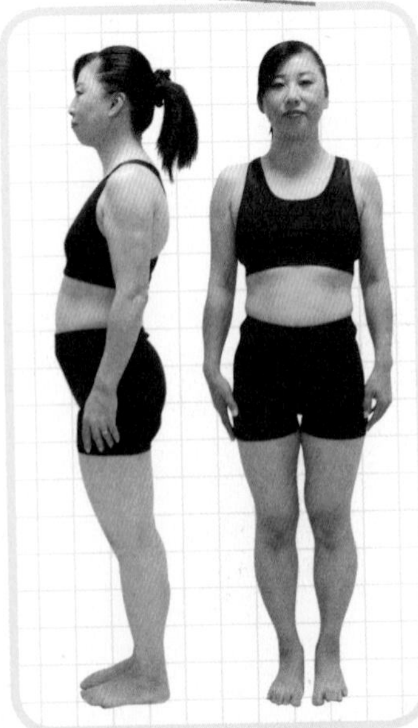

如此驚人的差異！

After　　Before

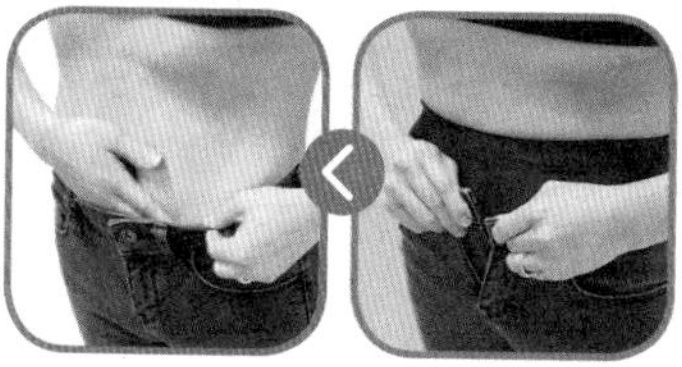

能穿下之前釦不上釦子的褲子了！也接受了晚上7點後不吃的飲食挑戰（→P.86）。能夠明顯感覺到身體逐漸變輕盈。今後也想要持續下去！

產生這麼大的變化！

腰圍	68.0cm	-2.0cm
下腹圍	64.5cm	-7.5cm
臀圍	85.0cm	-1.0cm
大腿圍	48.5cm	±0.0cm
膝蓋圍	35.5cm	-0.7cm
小腿肚圍	35.0cm	-0.4cm
上臂圍	25.0cm	-1.8cm
體重	48.0 kg	-1.0kg

希望能穿上有腰身的洋裝！

因為一直無法達到理想體重而煩惱。想要穿上有腰身的貼身洋裝，希望自己能瘦身成功，讓先生嚇一跳。

DATA	（身高 153cm）
腰圍	70.0cm
下腹圍	72.0cm
臀圍	86.0cm
大腿圍	48.5cm
膝蓋圍	36.2cm
小腿肚圍	35.4cm
上臂圍	26.8cm
體重	49.0kg

如此驚人的差異！

After　　Before

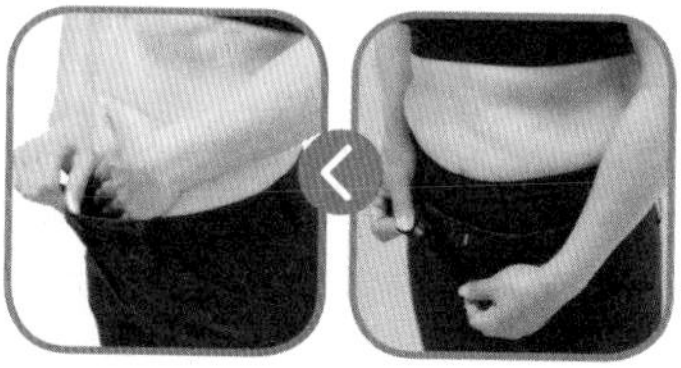

工作時或私底下常會外食，但我的瘦小腹計畫似乎不受影響，2週內小腹減了7.4cm，真是令人感到開心！早上做完第一次動作後體溫會上升，身體的各種活動也變得較為容易。很期待持續下去！

產生這麼大的變化！

腰圍	69.8cm	-2.8cm
下腹圍	71.4cm	-7.4cm
臀圍	90.5cm	-0.9cm
大腿圍	50.6cm	-1.4cm
膝蓋圍	35.6cm	-3.3cm
小腿肚圍	35.6cm	-0.7cm
上臂圍	26.3cm	-1.5cm
體重	54.0 kg	-2.0kg

由於一直坐著，很難變瘦！

因為工作大多以文書作業為主，所以經常坐著。隨著年齡增長愈來愈難瘦，要穿上緊身褲就像作夢一樣。

DATA	（身高 155cm）
腰圍	72.6cm
下腹圍	78.8cm
臀圍	91.4cm
大腿圍	52.0cm
膝蓋圍	38.9cm
小腿肚圍	36.3cm
上臂圍	27.8cm
體重	56.0kg

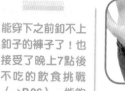

詳細解說！

瘦肚操能夠幫你 自我矯正骨盆

這種瘦小腹的方式
能藉由1個動作
正確地完成
骨骼與肌肉伸展
&體幹核心訓練
&姿勢矯正

骨盆歪斜會導致身體不適

骨盆歪斜會破壞姿勢與身體的平衡，引起內臟機能失調，因此會使得身體產生各種不適。便祕、腹瀉、水腫、生理痛或生理不順、肩頸痠痛、失眠、慢性疲勞等，這些困擾眾多女性的症狀都是由於骨盆歪斜或肩胛骨鬆弛所造成的。

如果矯正骨盆的同時也一起調整姿勢與身體的平衡、內臟的機能，基礎代謝自然而然就會提升，血液循環會變得更順暢，長期的不適症狀也會逐漸消失。

骨盆歪斜所帶來的不適

便祕、腹瀉、水腫、生理痛、生理不順、肩頸痠痛、淺眠、無法消除疲勞等等。

一個人也可以正確無誤地矯正骨盆

只要生活在有重力的狀態中，人體就無法避免骨骼歪斜。由專業整體師進行骨骼矯正，最多只能維持1個月，事實上本書中骨盆矯正動作的效果也只能夠維持1天。

因此每天持續進行是很重要的。我選擇了不容易弄錯的簡單動作，能夠有效幫助持續進行。雖然也有很多其他矯正骨盆的方式，但是由於大多很花時間，而且動作複雜，幾乎都要一邊看著書才能一邊照著做，否則就無法進行……我所研發的瘦肚操則是每天都可以做，易於持續進行。1個基本動作就可以正確無誤地進行「伸展動作」，幫助延展全身骨骼與肌肉；1個基本動作就能夠「訓練體幹核心肌群」，導正身體軸心；1個基本動作就可以「矯正姿勢」，重整歪斜、鬆弛的骨盆，調整全身。

「有沒有可以自己矯正骨盆的方式呢？」顧客們的這些問題不斷在我的腦海中盤旋，我非常明白，顧客自己在家做這個瘦肚操搞不好比1個月去1次沙龍還要來得有效……嗯，所以其實也考慮過是否就不要推廣這個動作好了（笑）。

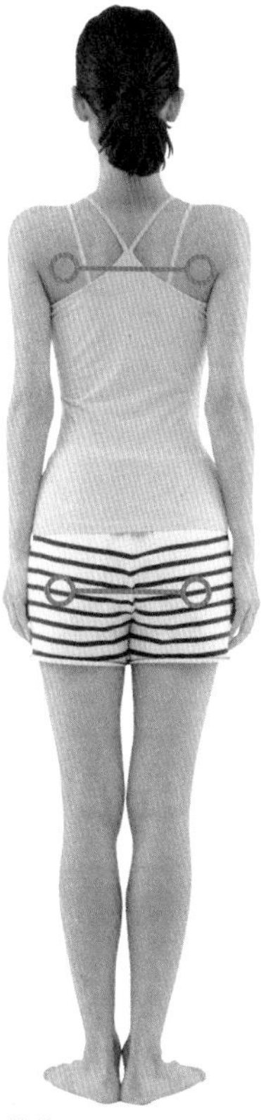
人依靠上半身的肩胛骨和下半身的骨盆保持全身平衡。

肩胛骨和骨盆兩側對人體的影響很大!!

近來常聽到「回轉骨盆」的骨盆調整方式，但大部分都只是骨盆跟著腰部與臀部繞圈圈罷了。就算感覺上有效，但與其說效果來自於骨盆的「收合」，倒不如說是骨盆四周的贅肉變少了。

持續做瘦肚操好處多多！

- ◇提升基礎代謝率
- ◇改善內臟下垂，增強消化機能
- ◇緩解肩部、頸部、腰部疼痛
- ◇調整肌肉平衡
- ◇改善頭痛和眼睛疼痛
- ◇改善冰冷體質和水腫
- ◇矯正姿勢和骨盆
- ◇緩解便祕
- ◇改善婦女病

在進行瘦肚操的過程中，兩腳的腳跟要確實併攏固定，雙臂也要確實固定於頭部上方，藉此牢牢固定住骨盆和肩胛骨這兩處支撐身體上下的重要部位。在這種狀態下一邊採腹式呼吸一邊伸展，務必確認骨盆和肩胛骨固定於正確位置，並予以適當施壓，確實矯正。矯正的動作只有「在牢牢固定全身的狀態下」才能達到最好的效果。

體態美麗的人 總是事事順利!?

依照前述方式調整骨盆歪斜，就能夠改善女性諸多的不適症狀。藉由瘦肚操來維持美麗姿勢，長久以來的慢性不適症狀就會逐漸消失。然而導正歪斜的骨盆不僅僅會提升全身代謝率，也與「心靈」有很大的關聯。

我認識一位身心內科（精神科）醫生，他曾找我討論這樣的問題：「患者們總是駝著背，一臉灰暗。有什麼可以拉直背部的伸展操嗎？」沒有錯！背部拱起就無法擁有積極的態度，反過來說，你有看過背部挺直，走路時總是筆直看著前方的人陷入陰沉的情緒之中嗎？如此思考，很容易就能明白，為什麼那些姿勢美麗的人總是事事順利了！

筆直地向上延展！ 這個動作很重要！

瘦肚操會幫助全身縱向筆直伸展，伸展的目的是為了要打造纖細的體型。特別是要一口氣伸展胸下到腹部之間的位置，對瘦小腹來說，這是最重要的關鍵動作。肌肉會朝用力的方向伸展，請試著回想健美人士為了展現筋肉所擺出的姿勢，他們總是在手臂或腿部盡量使力，藉以展現出大塊肌肉；如果拱起身體用力，他們的肩膀和背部就會呈現大量的肌肉，如果向外側用力，肩膀和手臂就會變得緊繃。瘦肚操之所以往上筆直伸展，正是因為不希望讓肌肉往橫向生長。

做瘦肚操時，不需要非常用力，筆直地伸展手臂、腿部或腹部才是重點！進行這個動作時，請試著感受肌肉的變化哦！

施力方向為橫向。在想要鍛鍊出堅實肌肉的地方盡量用力。
施力方向為縱向。不需要用力的地方不必過分使力。

你不再擁有「睡一覺就會好」的年齡

正在閱讀本書的你肯定很在意小腹的問題，而且也已經到了能確實感受身體變化的年紀了，對嗎？如果真的是這樣，我想我們都已經早就過了身體不適「睡一覺就會好」的年齡了。和瘦肚操一起介紹給讀者的是夜間的骨盆矯正動作，藉由這個矯正動作，希望能幫助你在睡前重整一天的骨盆歪斜。隨著年齡增長，以骨盆為主，身體會漸漸歪斜，不只會因而產生小腹，還會逐漸產生女性特有的不適症狀。就讓我們善用瘦肚操，將自己保養得更加美麗與健康吧！

Q & A

會感到肌肉痠痛……

如果有這種狀況發生，這就證明你已經充分運動到至今很少使用的肌肉。只是必須再次確認動作是否正確。如果3天之後疼痛就消除，那麼就沒問題了。

矯正動作做太多會對身體造成負擔嗎？

沒有所謂做太多這種狀況。由於骨盆每天都要承受重量，會一點一點逐漸歪斜，因此我們每天都要在有空的時候進行矯正動作，讓骨盆回復到正確的位置。

懷孕期間也可以做嗎？

沒問題。由於隨著腹部變大，重量會逐漸造成身體負擔，所以將身體向上延伸的動作就顯得很重要！請在不勉強的範圍內進行。

生產完就做瘦肚操沒問題嗎？

沒問題的。產後6個月內，由於是肌肉較為柔軟的「流動期」，因此建議以基本動作收合並挺立骨盆，盡早重整歪斜的骨骼。若對於身體狀況感到不放心時也不需要勉強，可以向醫生諮詢。

生理期也可以做嗎？

基本上是可以的。生理期中無論誰都容易產生骨盆鬆弛。由於有些人會因劇烈的生理痛而無法行動，因此如果身體感到不舒服就請不要勉強，好好休息吧！

身體僵硬而且腿很粗，動作很難做得很漂亮。

一開始無法做得很好也沒關係。持續做動作的過程中，你一定會慢慢接近正確的姿勢。好好感受自己的身體變化是相當重要的。

STEP

3

小腹平坦還不夠！其他部位也要很漂亮！

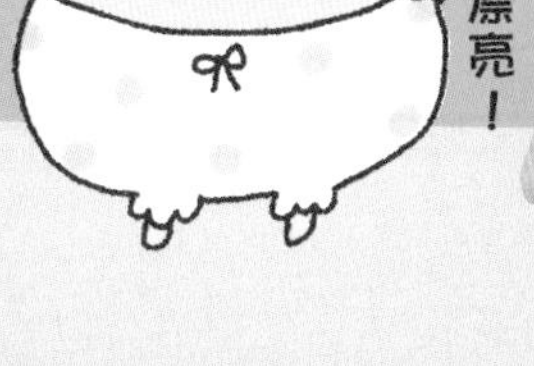

解決全身的困擾！

早晚在前述的基本動作上，再加上一些「對症動作」，針對臀部、大腿、上臂等在意的部位進行雕塑！這樣一來就能夠成為全方位的體態美人了!!

小腹瘦下來之後……

調整其他部位成為全方位體態美人!!

小腹平坦後姿勢也變好看了!!

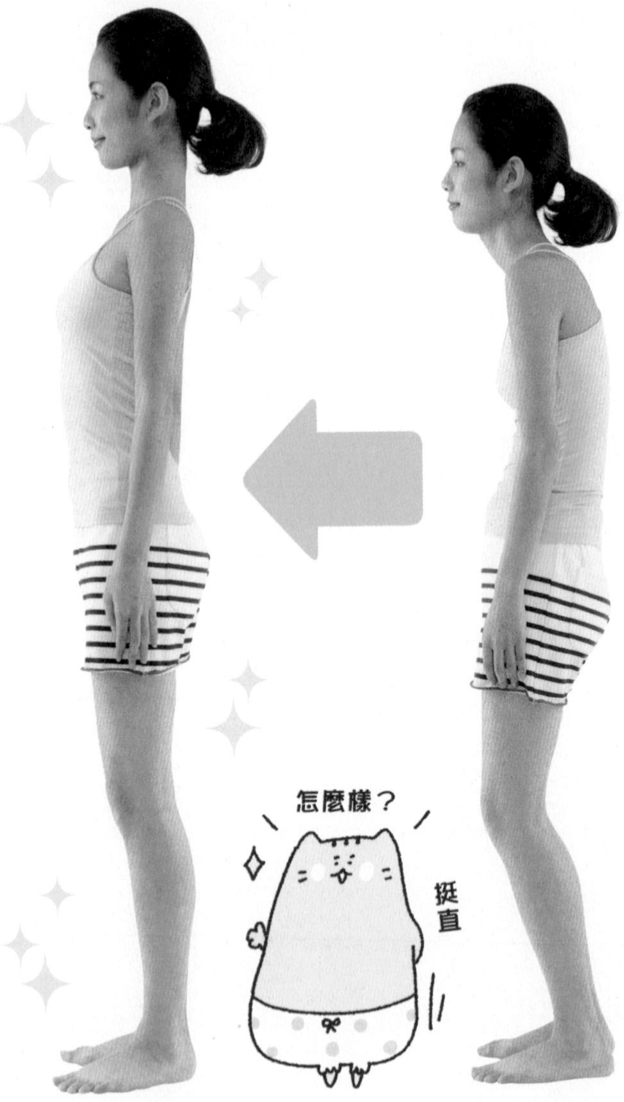

小腹變平坦，
呈現S型曲線！

小腹凸出且駝背，
姿勢不佳……

也想要矯正其他部位!!

纖細的肩膀線條
漂亮的背部線條
緊實上提的臀部
輕盈的上臂
想要變得更漂亮！
晃動
晃動
筆直的美腿
沒有外擴的大腿
緊緻的腰身

在意哪裡，就加強哪裡

身上總會有許多令人在意的地方，例如：臀部隨著年齡增長而逐漸下垂，大腿的贅肉一直無法消除，上臂總是帶著「蝴蝶袖」……

既然無法不在意，那麼就請好好面對它吧！這裡要介紹的，主要是在瘦肚操的基礎上加入一些特定動作，一樣早晚施行，藉此雕塑各個特定部位。與基本的瘦肚操配合進行，你的身體一定能夠切實感受到效果。

持續做這些動作，如果姿勢變得好看，你的思想自然就會變得較為正向，這不只是身體的改變，對心靈也會有好的影響。身心靈是相互影響的，如果總是覺得「最近好像很累沒有精神」，請挑戰本書的各種動作，試著重整自己的身體吧！

纖細的腰身

扭出迷人的腰部曲線

向上扭轉7秒，打造美麗腰身!!

POINT

- 向上扭轉腰部
- 注意呼吸方式
- 維持扭轉姿勢

1 雙手雙腳各自交叉，並且筆直站立

雙手在胸前輕鬆地交叉。扭轉方向的那一隻腳在前，另一隻腳在後，兩腳交叉後夾緊。

右手在上或左手在上皆可。

往右扭轉時右腳在前方。

NG!
雙腳不要分開！

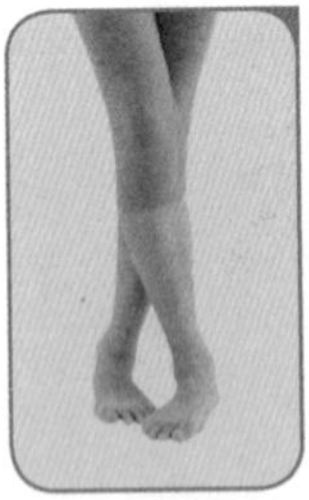

腳部交叉，穩固下半身的姿勢！

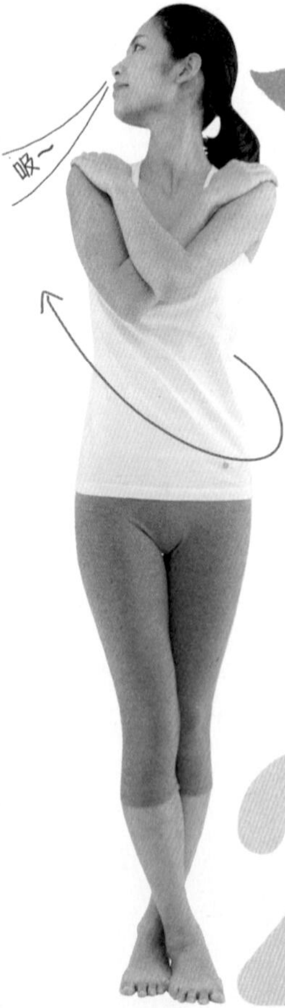

2 一邊吸氣一邊朝斜上方扭轉腰部

以鼻子吸氣3秒，同時請朝斜上方將腰部往上扭轉。

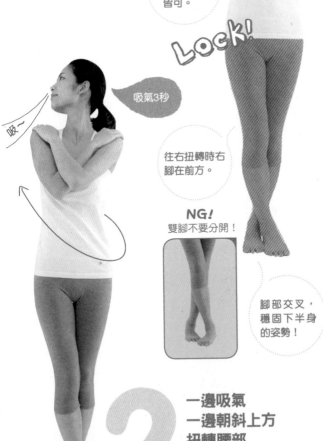

Pose

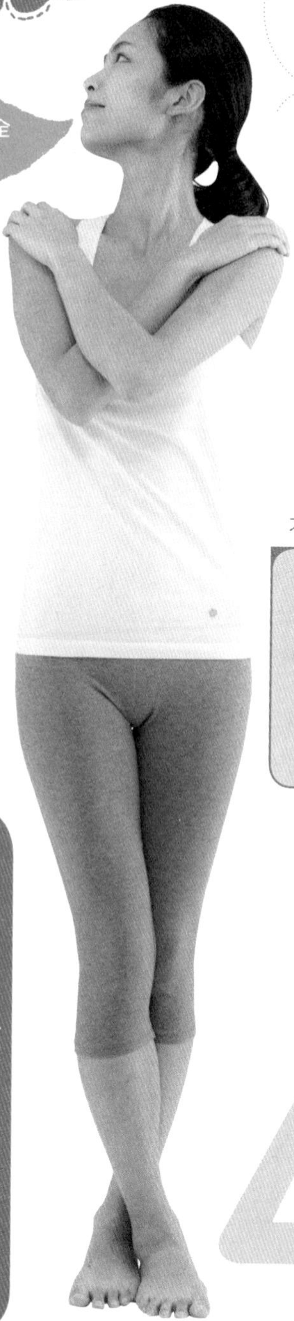

氣完全吐出
維持這個姿勢正常呼吸2次。

＼靜止7秒！／

呼～

視線朝向45度斜上方

NG!
不可以駝背！

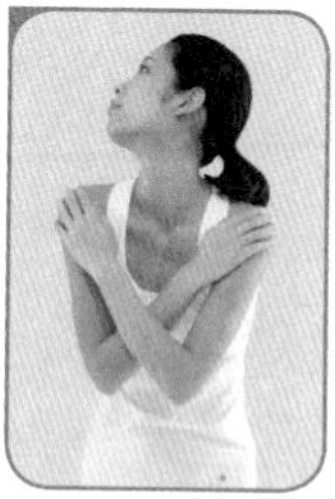

一次把氣吐出
吐氣時繼續往上扭轉！

3 吐氣的同時，繼續向上扭轉

一邊以嘴巴把氣吐光，一邊繼續向上扭轉上半身。

4 吐完氣之後，維持這個姿勢7秒鐘！

吐完氣後，維持上半身向上扭轉的姿勢，靜止7秒鐘。靜止時正常呼吸兩次，然後身體回正。另一側也以相同方式進行。

1次15秒

步驟2至4做2次，另一邊也要做哦！

骨盆・臀部&大腿

美腿&美臀動作

牢牢地固定骨盆，這才是真正的「回轉骨盆」!!

1 腳跟併攏，挺直站立

雙手輕鬆地放在腰上。雙腳腳尖併攏，腳跟呈45度開啟。

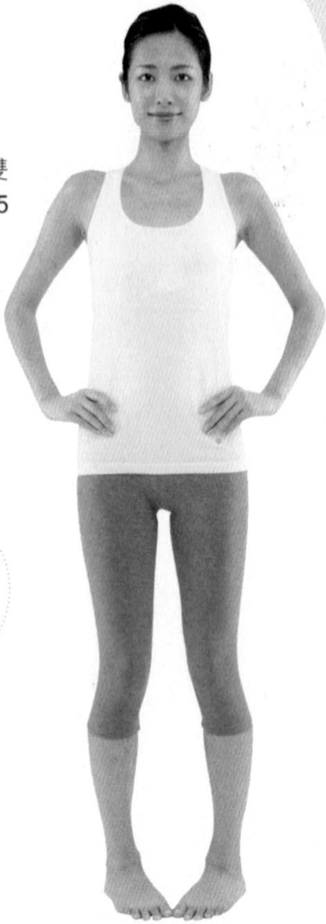

腳跟呈45度開啟

骨盆呈現挺立的狀態！

2 腰部下降，併攏膝蓋

上半身保持挺直狀態，腰部筆直下降，同時併攏膝蓋。

POINT

- 不要向前傾
- 感覺到骨盆挺立
- 盡量緩慢轉動

Pose

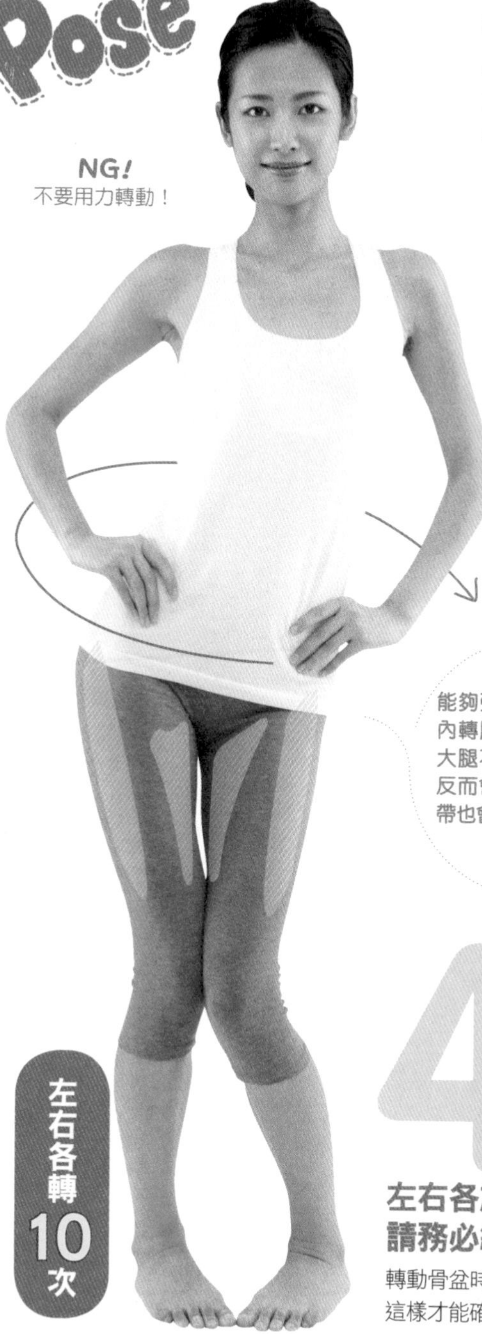

NG!
不要用力轉動！

3

前後左右
確實轉動骨盆

挺直上半身，穩定身體中軸，骨盆向外推出般徹底轉動。

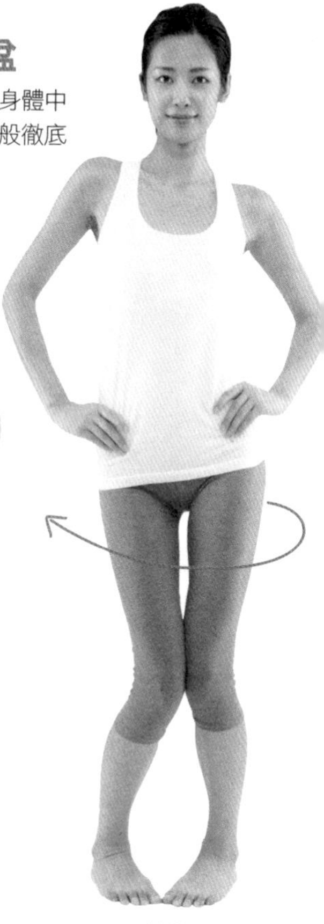

能夠強化位於大腿的內轉肌、股四頭肌，大腿不會因此變粗，反而會愈來愈細，連帶也會拉提臀部。

NG!
切記不要前傾

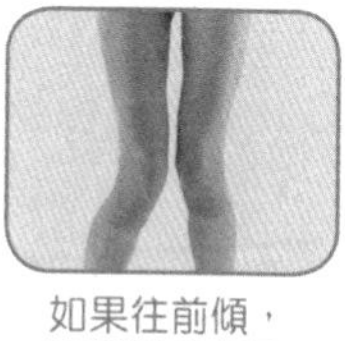

如果往前傾，膝蓋就會打開

4

左右各旋轉 10 次，
請務必緩慢轉動

轉動骨盆時盡量放慢速度，這樣才能確實達到效果。

左右各轉 10 次

臀部・腿部 & 腰痛

美腿&美臀動作 進階版

髖關節和骨盆一樣容易鬆弛，一起來調整吧!!

1 雙腳打開，腳尖朝外

盡量把雙腳打開超越肩寬，腳尖也呈180度朝向外側。

NG!
腳尖不要向前

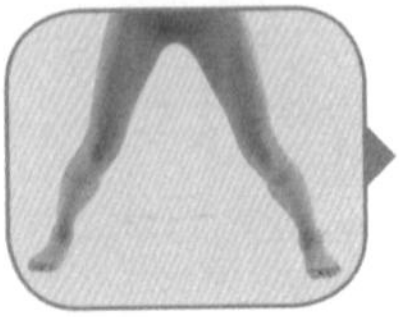

雙手與雙腳的這個動作可以將髖關節固定於正確的位置。

2 雙手上舉交疊，以鼻子吸氣

雙臂舉起置於耳後，雙手於手腕處確實交疊、相連。以鼻子深深地吸氣3秒。

POINT

- 腿部盡可能打開
- 不要向前傾
- 注意臀部和大腿

1次15秒

重複做2次

3 一邊吐氣 一邊下降腰部

上半身保持挺直狀態，一邊用力吐氣一邊慢慢地下降腰部。

NG!
不可向前傾！

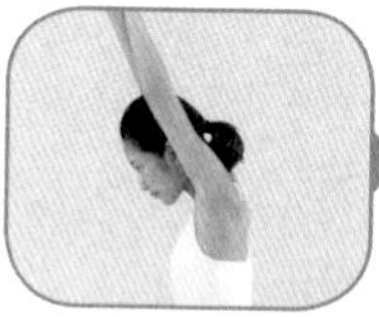

Pose

上半身筆直下降！

一旦髖關節取得平衡，就能拉提臀部&瘦大腿！

靜止5秒！

4 吐完氣之後，維持這個姿勢5秒鐘！

靜止5秒，但不要太勉強！

雙手手臂
&背部

收縮上臂&後背

擴展肩胛骨的可動範圍，讓肩膀四周變得輕鬆!!

1 手肘呈90度彎曲，雙臂水平向上提起

手掌朝向外側，手臂不要低於肩線。腳跟併攏，腳尖呈90度向兩側張開。

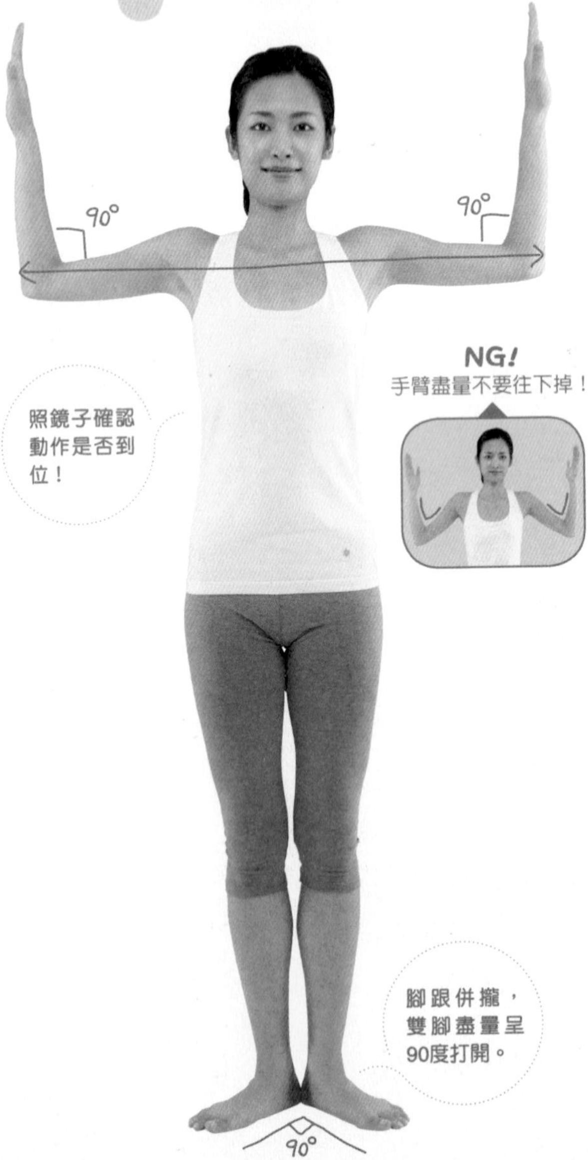

照鏡子確認動作是否到位！

NG!
手臂盡量不要往下掉！

腳跟併攏，雙腳盡量呈90度打開。

POINT

- 手肘90度彎曲
- 挺出胸部
- 往後拉伸肩胛骨

Pose

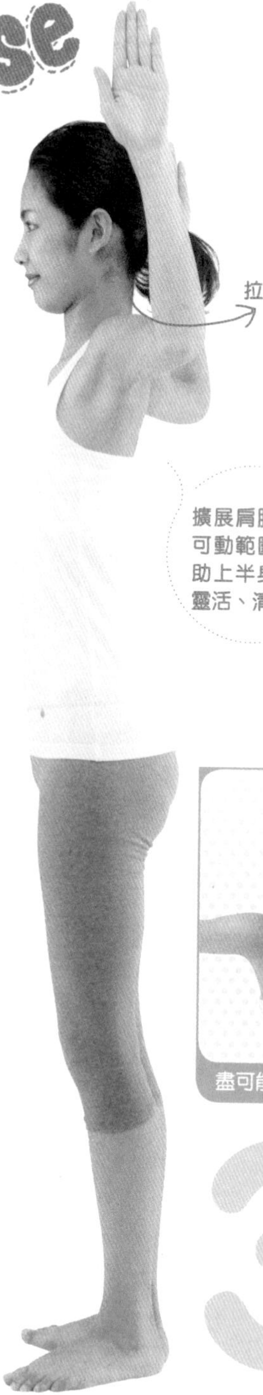
拉伸
擴展肩胛骨的可動範圍，幫助上半身變得靈活、清爽！

靜止5秒！

2

雙臂緩慢地向後拉伸

不要一口氣往後拉，而是緩慢拉伸。感覺兩邊的肩胛骨逐漸靠攏。

挺出胸膛。
拉伸

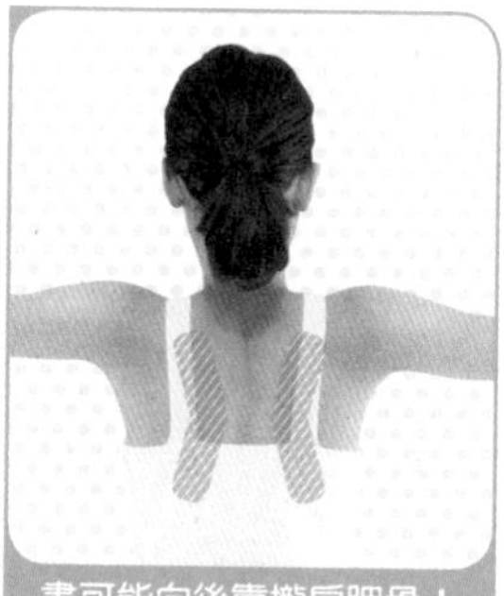

盡可能向後靠攏肩胛骨！

3

雙臂向後拉伸後，維持這個姿勢5秒鐘！

雙臂向後拉伸至極限後靜止5秒。注意，手臂不要往下掉。

1次10秒
重複做3次

全身檢查！

為什麼身材不完美!?
你是哪一種體態醜？

①

▶P.62

小腹特別凸出

是不是因為常吃高熱量的宵夜！？很在意小腹凸起，想要在基本的瘦肚操上再添加一些什麼。

②

▶P.63

頸部因駝背而往前傾

或許是因為使用電腦，不自覺中身體前傾……從側面看的時候，對於自己的不良姿勢感到相當無力。

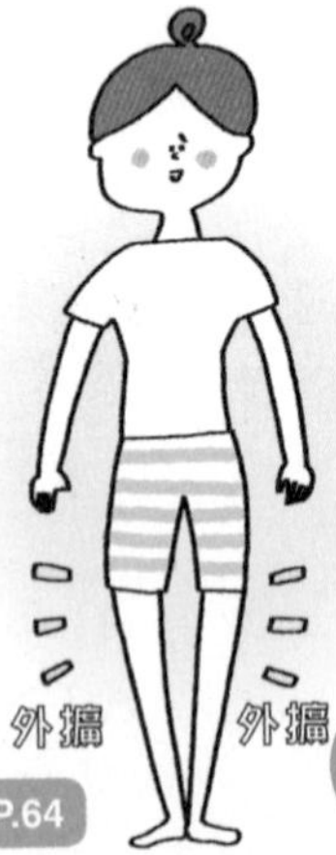

③

▶P.64

因為O型腿，站姿不好看

腿明明不粗，兩腳卻因為無法併攏而感到困擾。常常像螃蟹一般張開雙腳站立。

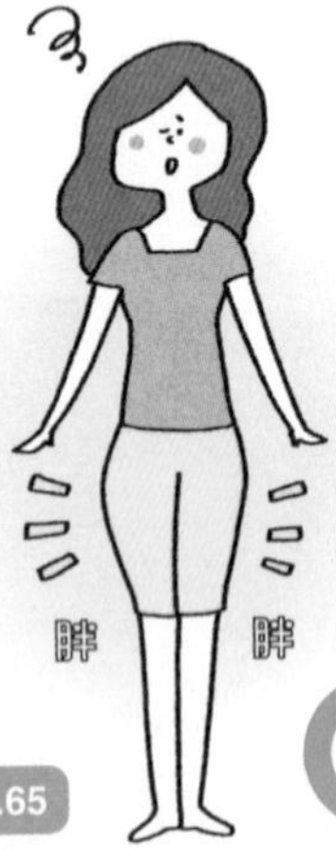

④

▶P.65

大腿很粗

一直以來雙腿就顯得很粗壯！從側邊觀察自己，可以看到腿肉凸出。這種人通常下半身也比較肥胖。

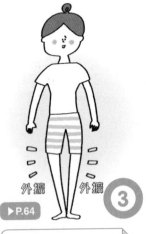

6

▶P.67

產後身體變差

彷彿已經忘了生產之前的自己長怎樣了，身體逐漸歪斜，全身感到僵硬。

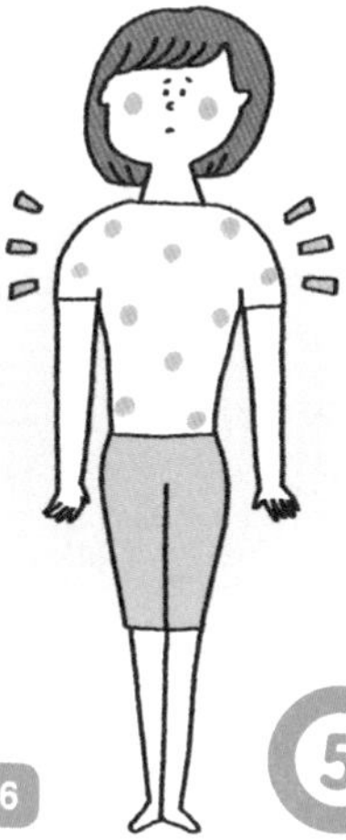

5

▶P.66

肩膀和手臂緊繃且豐滿

骨架大，就像運動選手那樣健壯，真的很煩惱！想要看起來像嬌弱的女生，但不知為何一直很強壯……

瘦肚操搭配
各種對症動作
一起改善不良的體態吧!!

想要提高塑身效果，就試試強化各部位的對症動作

對於自己在意的部位感到不滿意，那麼就以對症動作來解除煩惱吧！①～⑥這些不同的煩惱，相對應的塑身動作會從P.62開始介紹。如果可以，全部都學起來是最好的唷！

典藏版

對應各種體態煩惱！不同動作的組合

① 小腹特別凸出

關於這樣的類型……

這樣的人並不是真的很胖，只有小腹逐年凸出。這種人特別喜歡高熱量的食物，生活節奏也不規律。試著觸摸身體，幾乎只有腹部是冰冷的。

建議

除了施行塑身動作，飲食也要調整

腹部中內臟脂肪增加也會導致小腹凸出。除了要確實進行瘦肚操，也必須一起調整飲食習慣和生活作息！如果腸道環境得到改善，塑身動作也確實發揮效果，脂肪就會逐漸消失！

〈動作的組合搭配〉

瘦肚操 ▶P.32

＋

夜間的骨盆矯正動作 ▶P.34

＋

扭腰動作 ▶P.52

POINT

要領就是早晚都要以瘦肚操來刺激腹部。將全身的平衡狀態調整好，扭腰的動作也才會展現出應有的效果！

② 頸部因駝背而往前傾

關於這樣的類型……

背部拱起，頸部直直地往斜前方延伸，這樣的人通常容易便秘。這種不良體態多半是在不知不覺中養成的，大多由於文書作業等因素造成身體前傾。

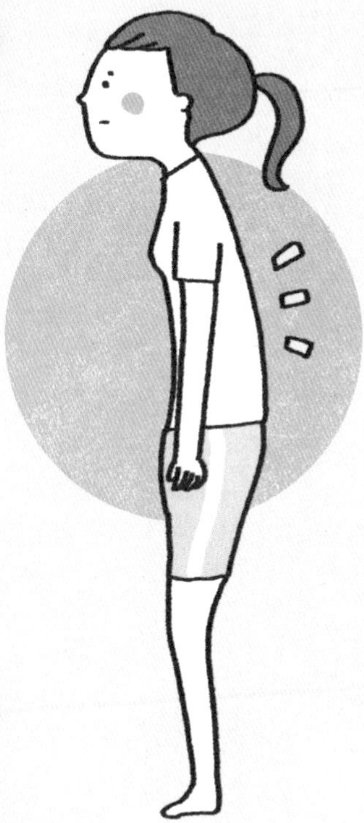

建議

駝背沒有好處！
養成伸直背部的習慣

由於身體向前傾的緣故，內臟與其他器官也會受到壓迫，造成骨盆鬆弛，內臟下垂。常常伴隨著便秘、呼吸短淺等狀況。請隨時提醒自己挺直背部吧！

能夠穿上會明顯展現背部線條的高領上衣，很開心！
挺直

POINT

藉由這兩組動作應該可以確實感受到背部的拉伸與開展。養成早晚做動作的習慣，身體一旦適應了這些動作，就能得到很好的效果。

〈 動作的組合搭配 〉

瘦肚操

▶P.32

＋

收縮上臂&後背

▶P.58

③ 因為O型腿，站姿不好看

關於這樣的類型……

這樣的人雖然多半不胖，甚至有不少的人腿很細，膝蓋卻完全無法併攏。明明沒有長時間走路，卻經常覺得腿部疲勞。常常煩惱腿形看起來不漂亮。

建議

以美腿動作進行矯正，也要注意走路方式

有不少人的O型腿是天生的，若不加以理會關節處會變得疼痛，肌肉的生長也會呈現不平衡的狀況。O型腿的人在走路時只使用外側肌肉，所以腿部會容易感到疼痛。一起逐漸改正姿勢吧！

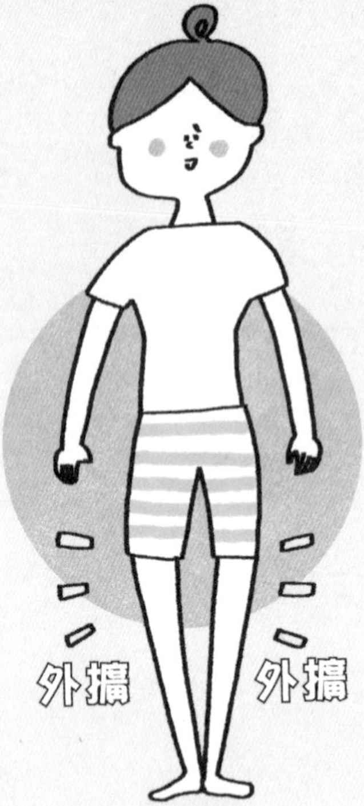

背部線條似乎也變好看了！想試著穿上迷你裙或短褲！

〈動作的組合搭配〉

瘦肚操 ▶P.32

＋

美腿&美臀動作 ▶P.54

＋

美腿&美臀動作進階版 ▶P.56

POINT

漸漸矯正大腿的股四頭肌，以及大腿內側的內轉肌，同時也逐步調整髖關節的平衡。走路時請注意腿部內側的肌肉運作哦！

④ 大腿很粗

關於這樣的類型……

大腿就是很粗！從側面看身體，可看見大腿肥肉向前凸出，真是苦惱啊！膝蓋上也有滿溢的肥肉……小腿也很粗，而且常伴隨著腳尖冰冷的寒性體質。

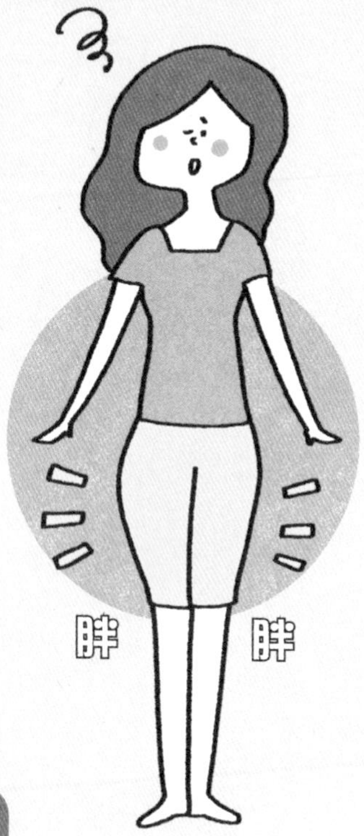

建議

以塑身動作施壓矯正，也要改善走路和站立的方式

無論如何努力大腿始終很粗。有的人因為長年骨盆歪斜，導致錯誤的站立方式和走路方式，因此造成大腿變粗。試著以塑身動作對身體施加壓力，刻意刺激平時沒有使用到的肌肉吧！

〈動作的組合搭配〉

瘦肚操
▶ P.32

＋

美腿&美臀動作
▶ P.54

＋

美腿&美臀動作進階版
▶ P.56

POINT

確實運動大腿的股四頭肌吧！只要站立和走路的方式正確，很容易就能展現塑身成果。

5 肩膀和手臂緊繃且豐滿

關於這樣的類型……

肩膀和手臂很粗壯，常常穿不下袖子較窄的衣服。癥結點就在於肩膀常常不當地用力，甚至會導致嚴重的肩膀痠痛。有時這種體型也是因為運動所造成。

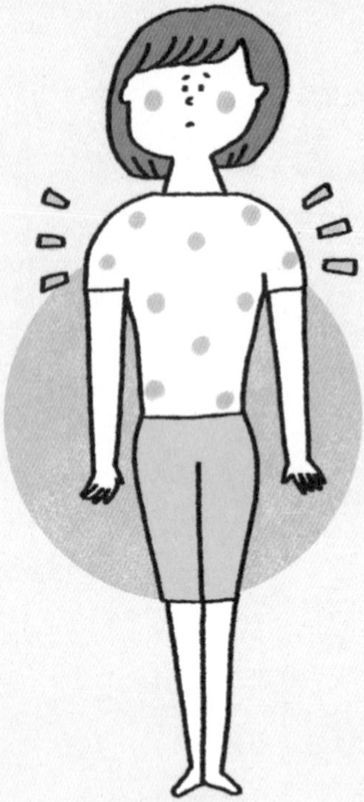

建議

改變用力方式，漸漸讓身體放鬆

常常在無意識的情況下用力，這會導致肌肉發達。藉由收縮上臂&後背的動作來修正自己的姿勢，時常注意不要過度用力，肩膀盡量放輕鬆。

看起來苗條讓我好開心！忍不住露出肩膀盛裝打扮！

〈動作的組合搭配〉

瘦肚操

▶ P.32

＋

收縮上臂&後背

▶ P.58

POINT

這兩組動作可以幫助放鬆肩膀和手臂肌肉，肩膀和手臂輕鬆地往下垂，自然地朝向外側，注意不要用力。

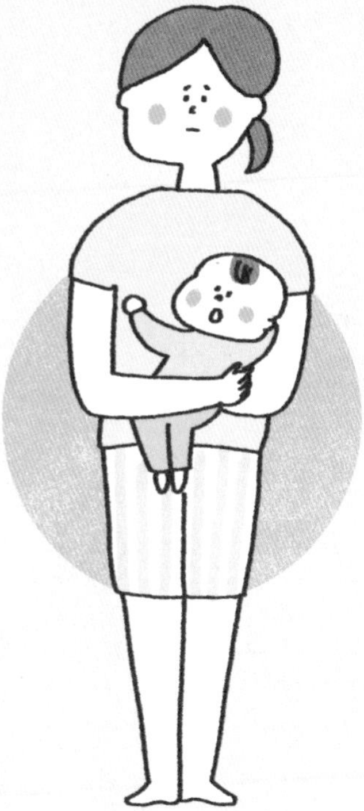

6 產後身體變差

關於這樣的類型……

自從生產後就一直覺得好累，而且動不動就重感冒。這樣的人自己也很清楚身體的軸心已經偏離，體態完全走樣。大部分都因為易胖體質而感到困擾。

建議

矯正骨盆歪斜刻不容緩！

女人生產過後，由於骨盆歪斜，身體嚴重失衡，持續這樣下去不但身材會走樣，還會逐步朝向「中年肥胖」邁進，所以請盡早調整骨盆吧！在產後6個月內的「流動期」進行調整最能看出效果。

〈動作的組合搭配〉

瘦肚操
▶ P.32

＋

夜間的骨盆矯正動作
▶ P.34

＋

美腿&美臀動作進階版
▶ P.56

POINT

以瘦肚操為主要動作，徹底調整骨盆、內轉肌、骨盆底肌群。若生產時有剪會陰或有剖腹產等狀況，請先諮詢醫生後再來進行吧！

詳細解說！

注意身體的平衡 美麗體態DIY

身體會自己想辦法取得平衡

一個人如果長期駝背，會感覺到背上逐漸囤積脂肪，這是為什麼呢？這是為了要和腹部囤積的贅肉取得重力平衡，因此在背部也同樣會累積脂肪。由此可知，我們的身體為了取得重力平衡，會自然地有各種發展。

本書所介紹的各種對症動作，和瘦肚操相同，都是為了幫助身體取得整體性的平衡，在此同時，身體就會進行自我矯正。如果某個部位的肌肉和脂肪長期在不良的體態下產生了「錯誤的平衡成長」，你對於這個部位自然就會感到很不滿意。無論是腰間的贅肉，還是下垂的臀部，又或是肩膀上粗壯的肌肉，這些都證明了你的身體處於失衡狀態。本書介紹的對症動作就是想幫你回復到正常的平衡狀態。

有效預防骨盆底肌等部位的不適症狀

書中的這些動作不只可以幫助在意的部位變苗條，如果當成健身運動也極具效果。特別是「美腿&美臀動作進階版」，這套動作對於骨盆底肌的鍛鍊非常有幫助。這個部位的肌肉若缺乏鍛鍊，很快就會衰退。如果每天持續做動作進行強化，就能夠預防因懷孕、生產、停經所引起的各種惱人問題。「收縮上臂&後背」的這套動作中，可以確實運動到上半身的骨盆和肩胛骨，幫助預防肩膀痠痛或五十肩等不適症狀。

請留意肌肉的伸縮狀況，幫助提升塑身效果。參見左圖示意，請務必要試看看哦！

肌肉地圖：這裡會動起來哦！

❶瘦肚操
❷夜間的骨盆矯正動作
❸扭腰動作
❹美腿&美臀動作
❺美腿&美臀動作進階版
❻收縮上臂&後背

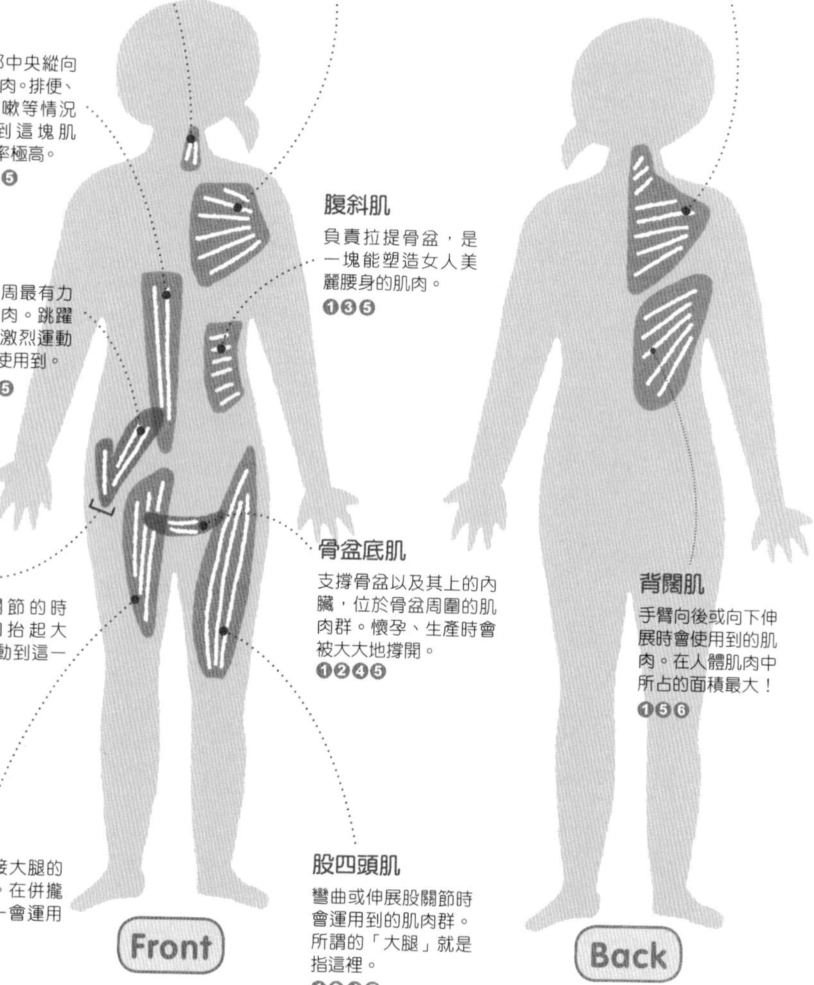

胸鎖乳突肌
連結臉部與身體之間的肌肉，是能夠打造小臉的肌肉。
❶❻

胸大肌
胸部的肌肉，是想升級胸圍必須強化的肌肉。這一塊肌肉對於呼吸也有著相當重要的影響。
❶❺❻

斜方肌
位於背部最外層的肌肉。這個肌肉出問題時就會引發肩膀僵硬產生疼痛感。
❶❺❻

腹直肌
位於腹部中央縱向生長的肌肉。排便、分娩、咳嗽等情況都會動到這塊肌肉，使用率極高。
❶❷❸❹❺

腹斜肌
負責拉提骨盆，是一塊能塑造女人美麗腰身的肌肉。
❶❸❺

大腰肌
股關節四周最有力的一塊肌肉。跳躍或奔跑等激烈運動時會充分使用到。
❶❷❸❹❺

髂腰肌
彎曲股關節的時候，例如抬起大腿，就會動到這一塊肌肉。
❶❷❹❺

骨盆底肌
支撐骨盆以及其上的內臟，位於骨盆周圍的肌肉群。懷孕、生產時會被大大地撐開。
❶❷❹❺

背闊肌
手臂向後或向下伸展時會使用到的肌肉。在人體肌肉中所占的面積最大！
❶❺❻

內轉肌
從骨盆連接大腿的肌肉總稱。在併攏雙腳時唯一會運用到的肌肉。
❶❸❹❺

股四頭肌
彎曲或伸展股關節時會運用到的肌肉群。所謂的「大腿」就是指這裡。
❶❸❹❺

COLUMN 2

對於女人而言，骨盆保養真的很重要嗎？

是的，非常重要！無論是以一個美容整體師的立場，或是站在經歷過妻子懷孕、生產作為人夫的立場，我都能肯定地這樣說。女人的身體為了能夠生小孩，擁有可以開闔的骨盆，但是也隨之衍生出許多問題。你是否已經注意到，現在的賣場中生理用品區也陳列著不少漏尿護墊呢？雖然女人漏尿的情形也受到年齡的影響，但大多是因為懷孕、生產使得骨盆鬆弛，骨盆底肌無力所導致。如果放任不管，之後甚至可能會發生子宮脫垂這種恐怖的症狀。

雖然瘦肚操是為了妻子產後瘦身所設計的，但是這一套動作也能幫助矯正骨盆位置、預防身體不適。現在開始還不會太晚！一起好好地保養自己的骨盆吧！

STEP 4

養成好習慣，塑身效果UP！
瘦小腹生活

有心最重要！

重新檢視自己平時的各種姿勢和走路方式，讓一些日常行為全都成為「運動」！沒有高難度的動作，只要稍微用心就能成功！

希望小腹永遠平坦，但是……

怎麼會立刻變回不良體態!?

能持續，最重要!!

每天跑步

飲食控制

每週上1次健身房

每個月美容1次

睡前運動30分鐘

還不如

（1天1分鐘的瘦肚操，能持續，有效果!!）

1分鐘

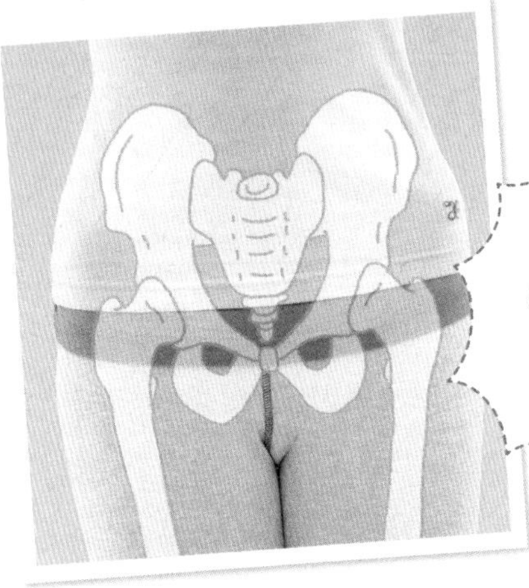

要注意的是，
如果不經常對骨盆周圍施加壓力，
日日累積的重量就會導致身體歪斜！
持續，才是最重要的事！

1天做1分鐘的瘦肚操
就好像是在家裡
每天自己進行美容整體
效果看得到！

有了它，自我矯正更輕鬆！

如圖，只要將這個輔具套在腳部搖動，就能夠矯正骨盆。這個輔具相當受到歡迎，讓你可以邊看電視邊做動作。銷售累計超過10萬個。小腹Slim Swing DX（Dream株式會社）
http://vivalance.jp/

只要有地心引力，就無法避免歪斜！

每個人都有骨骼歪斜的問題。每天我們都被名為「地心吸力」這種看不見的力量往下拉，再加上各種動作和姿勢造成骨頭逐漸位移。

隨著年齡增長，肌力逐年衰退，因此「抗地心引力」的能力也就下降，於是脂肪下垂，骨盆因各種不良習慣愈來愈歪斜。

瘦小腹的動作可以幫助我們向上拉伸身體，對抗地心引力。每天歪斜的骨盆可以藉由這些動作「挺立」與「收合」，回歸至原本位置。只要生活在地球上，就無法避免地心引力、老化與歪斜！正因如此，每天不間斷地持續保養是相當重要的事情。

你一定可以
持續下去！

瘦肚操的最大優勢！任何地方都能做!!

在電車上踮著腳尖站立

工作時伸展手臂

在電梯中做瘦肚操

在電影院中實施腹式呼吸

（日常生活中所有場合都能進行塑身動作！）

瘦肚操永遠不嫌做太多！！

等紅綠燈時踮腳尖站立！

一邊走路一邊注意呼吸！

和孩子玩耍時可以做！

刷牙時踮腳尖站立！

洗完澡時也能做！

休息時間在洗手間做動作！

把握空檔時間 隨時都能做！重要的是注意使力的方向！

肌肉會朝施力方向生長！

如果施力方向錯誤，反而會導致平衡性不佳的體型。（→P.46～47）。只有上半身做動作或只進行踮腳尖動作時，如果能刻意向上延伸，很容易就能達到效果。

讓「塑身」變成一種習慣

瘦肚操最有效的時間是早上和晚上，但也不必拚命到「非得每天早晚做！」事實上，瘦肚操什麼時候都可以進行，而且不管做幾次都不會有過量的問題。稍微有空閒時，就算只有上半身或只有下半身做動作也沒關係，因此請一定要試試看！懂得利用零碎時間塑身，就能提高效果，連帶也能擁有美麗的站姿與坐姿，展現優美體態。

把握時間雕塑自己，同時也注意生活中的各種姿勢，你一定會愈來愈美麗。接下來介紹的就是能讓你保持美麗的各種姿勢。

矯正自己的姿勢！

為了維持體態美 美麗的姿勢不可少

人美姿勢一定美！

站姿
▶P.80～
座姿
▶P.78～
睡姿
▶P.84～
走路方式
▶P.82～

瞬間吸引目光的美姿美儀

舉手投足散發美麗光彩

就算好不容易塑造出了理想中的身形，經年累月的不良姿勢卻很難全都改過來。得來不易的美麗體態會受到不良習慣的干擾，很容易就又回到從前的模樣。所以，請你一定要一邊持續做動作，一邊提醒自己在日常生活中盡量展現美麗的姿勢。

話雖說如此，一天24小時一直保持注意力是很累人的。不如先試著在一段時間之內保持優美姿勢，從小地方開始改變吧！例如平時進行文書作業的時候，就提醒自己打字的這一段時間要注意坐姿。

美麗的姿勢能夠讓你更加動人，如果別人從遠方看到你立刻就覺得「那個人的站姿真好看！」你一定也會因此感到很愉快吧！

維持美麗的姿勢①

長時間坐著也要休息！正確的坐姿

夾起腋下肩胛骨就會收攏，背部也會挺直
不靠著椅背，立起骨盆淺坐

正確的坐姿是……

✱坐下時將手掌朝上放在臀部下方，緊緊夾住腋下。淺坐椅面，抽出手掌時盡可能維持骨盆的挺立狀態，這樣一來就可呈現正確坐姿。

✱坐在地板上的時候，無論如何骨盆都很容易歪斜。如果要坐在地板上，為了減少骨盆負擔，還是以屈膝正坐最好。雖然屈膝正坐也會增加膝蓋負擔。

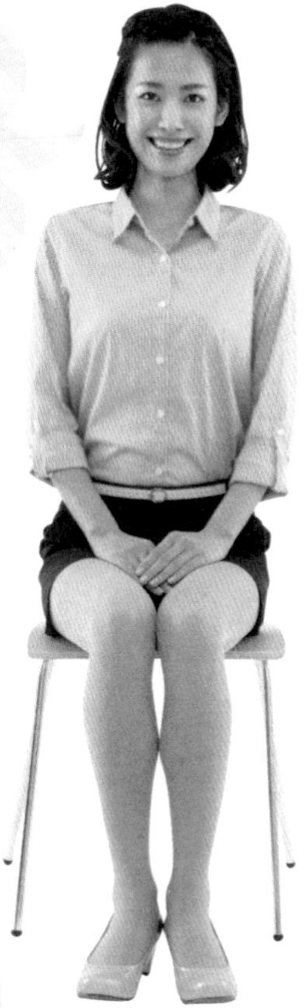

但是……

一直維持正確姿勢難免會累，所以更要提醒自己多注意！

把握零碎時間做動作！
只有手臂做動作也OK！
NG!
不以手肘支撐！
不靠著椅背！

從坐下的那一刻開始骨盆就已經鬆弛歪斜

坐下時，骨盆無論如何都會呈現歪斜狀態。坐在椅子上骨盆所承受的負擔是站立時的1.4倍；如果坐著進行打字時姿勢不正確，負擔會增加到1.8倍；如果坐著搬抬物品，負擔更高達3倍之多。

坐在地上時，抱腿席地而坐骨盆會向前或向後傾倒，斜放雙腳側坐時骨盆會歪斜，盤腿坐時骨盆會鬆弛，蹲坐時骨盆會同時鬆弛並傾倒。可以這麼說，「坐著」本身就是一個對骨盆不好的動作。但是誰也無法避免「坐下」這件事，所以請記得，每30分鐘就休息1次，伸展一下身體，做一下瘦肚操，適時重整身體是很重要的哦！

維持美麗的姿勢②

站著時骨盆要「挺立」&「收合」！正確的站姿

挺起胸膛，肩膀自然會往後靠，姿勢會變得漂亮
盡量刻意地將骨盆「挺立」並「收合」
腹部往內縮
伸直膝蓋，讓整條腿穩穩地支撐全身的重量

正確的站姿是……

✱注意骨盆要處於正確的位置。
✱挺起胸部，肩膀略偏向後背，收起腹部。
✱伸直膝蓋，將重心帶往身體中軸。

但是……

如果無法確認正確姿勢，
就做瘦肚操吧！！

骨盆挺立收合，姿勢自然會變得漂亮！
以瘦肚操幫助自己矯正站姿！

以瘦肚操矯正骨盆，維持美麗站姿

現在的人站著時，常會有一些不良的姿態，包括因駝背而使得小腹凸出，膝蓋彎曲而呈現出「倒S」的身形。有些人總是擔心，如果挺直背部站立，小腹好像就會比較明顯，所以愈在意小腹的人，就愈容易駝背。但是這根本就是惡性循環！骨盆沒有得到矯正，骨骼持續歪斜就會使得前述的不良體態日益嚴重。

要解決小腹凸出的困擾就必須挺立並收合骨盆。平常站立時請回想瘦肚操中挺立並收合骨盆的感覺，試著併攏腳跟。如此一來應該就能確實感覺到自己的姿勢逐漸有所改變。

維持美麗的姿勢③

讓「走路」變成「骨盆扭轉運動」！正確的走路方式

如果提高視線，背部自然就會伸直
上半身不要搖晃，收緊腹部。上半身盡量不要晃動
以大腿的力量行走，大幅運動股關節。腳部從腳跟先著地
不要彎曲膝蓋，避免身體前傾

正確的走路方式是……

✱提高視線，以大腿施力行走，腳跟先著地。
✱保持腹部內縮，上半身盡量不晃動。
✱膝蓋不要彎曲，身體不要往前傾。

但是……

走路習慣對體態的影響很大，請務必選一雙好鞋!!

仔細檢查鞋子！

鞋跟如果一直磨損很容易導致不良的走路習慣。請頻繁地修理鞋底和鞋跟，適時更換新鞋也相當重要。

建議鞋跟高5cm！
穿這種鞋子，如果併攏腳跟站立，等於就是在做瘦肚操！

鞋跟不超過10cm
鞋跟太高走路時膝蓋容易彎曲，絕對NG！

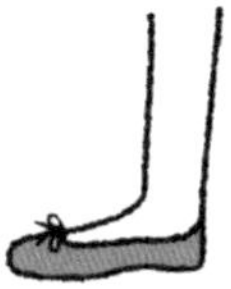

平底鞋
平底鞋有時反而會造成腳踝和腳跟的負擔。

走路的時候也要挺立&收合骨盆

站著不動的時候時時刻刻提醒自己保持正確姿勢，但是一走路姿勢就瞬間走樣。「走路」這個動作會動到全身，需要注意的部位比站著不動時多了許多，因此很難完美地保持在正確的狀態。

走路時請把握好3個重點。首先，盡量擴大股關節的可動範圍，可幫助增加扭轉骨盆的運動，並有助於以大腿的力量走路。其次是注意要腳跟先著地，有助於確實移轉體重。最後，行進時請注意上半身不要搖晃。骨盆一旦挺立，上半身就不會搖晃，所以記得一定要確認骨盆的狀態。在日常生活中慢慢提醒自己注意走路的姿態，讓自己連走路也變得美麗吧！

維持美麗的姿勢④

睡覺時翻身也可以矯正體態！正確的睡姿

建議將毛巾捲成圓柱狀，可以當成枕頭。購買枕頭時則要選擇較低一些的，高度要合乎脖子的自然弧度
手腳自然地張開
從仰睡姿勢自然地翻身側臥，不要用力

正確的睡姿是……

* ✱選用的枕頭不宜過高，且要符合頸部曲線。
* ✱一晚翻身30至40次是最理想的狀態。
* ✱為了容易翻身，建議採仰睡，手腳放鬆。

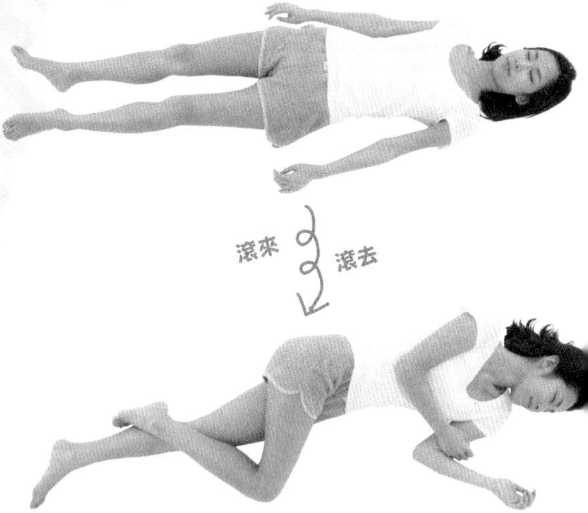

但是……

如果不太容易翻身，可以試著不使用枕頭!!

有高度的枕頭會妨礙翻身！

建議可以使用毛巾枕，能夠貼合頸部的自然曲線，而且容易翻身。毛巾枕的製作很簡單，只要將2條浴巾疊放在一起，然後捲成筒狀放在頸後即可。如果想購買枕頭，請選擇高度低、彈性佳的材質，比較容易翻身。

睡覺時翻身是本能，藉此矯正身體姿勢

很多人小時候，一早醒來就發現頭腳位置與入睡前的位置顛倒，你是不是也曾經這樣呢？睡相差就證明常常翻身。我們本來就會藉由睡眠時的翻身動作，自我矯正歪斜的身體。就算長大，這個「自動矯正機制」也沒有停止，一晚翻身30至40次是最理想的狀態。我們藉由扭轉身體的行為，調整歪斜的骨骼。

為了幫助睡眠時翻身，睡姿和寢具的選擇相當重要！

理想的枕頭應該沿著脖子呈現自然曲線，如果配合頸部的高度使用毛巾枕也是很好的選擇。別忘了，睡眠時間也可以是「矯正骨骼的時間」唷！

健康生活 ①

五臟六腑也要休眠&重新開機

瘦肚操＋飲食新法

晚上7點後不進食！

飲食新法是……

- 夜間7點之後不進食。
- 用餐只要不暴飲暴食，吃什麼都可以！

喝紅酒或其他酒類也OK！

享受美食是一件很重要的事，但必須避免飲酒過量！

外食‧點心OK！

如果3餐營養均衡，偶爾吃一些喜歡的零食也沒問題。

肚子餓時就喝溫豆漿或味噌湯

可以幫助溫暖腹部且緩解空腹，同時也能攝取大豆異黃酮哦！請慢慢飲用吧！

把握生理期後1週內的時間

如果你覺得每天晚上7點後不吃東西很困難，那麼試試看只在生理期後1週內進行吧！

內臟每天都需要徹底地休息

禁食或極端節食不但不能讓你變漂亮，反而會使身體愈來愈不健康。為了讓身心變美麗，享受喜愛的美食絕對是必要的。

我所建議的「飲食新法」只有一個原則，那就是「晚上7點後不進食」。

睡眠時胃部最好不要殘留食物，這樣內臟才能得到充分的休息，並提高運作機能。身體的消化與代謝機能變好，當然就能促進熱量的消耗。

實踐飲食新法不久之後，相信你很快就能明顯感覺到體重變輕。若覺得很難每天都做得到，那麼就把握生理期後1週內密集實行，持續一段時日之後，也可以達到一定的效果哦！

健康生活 ②

瘦肚操＋全身泡澡

提高基礎代謝率，成為易瘦體質！

浸泡到肩部的全身泡澡，20分鐘×2次

所謂的全身泡澡……

- 洗澡水的溫度約為夏天40°C，冬天42°C。
（為了避免受寒，因此設定較高的溫度。可依照個人喜好調整）
- 每回泡澡20分鐘後休息5分鐘，重複進行2次。
- 為了溫暖身體，請浸泡到肩部。
- 每週泡澡2次，早上入浴較有效果。

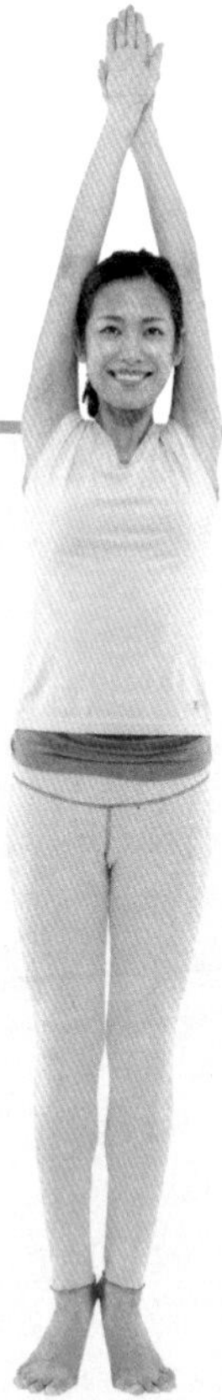

瘦小腹動作＋全身泡澡
提升基礎代謝率
躺著也能瘦！

想變美麗，沐浴是最好的時機

很多人貪圖便利，也想節省時間，洗澡方式大多以淋浴為主，如此一來就失去了難能可貴的減重機會。光是浸泡在熱水中溫暖身體，就能夠提升基礎代謝率，變成易瘦體質，所以我極力推薦「泡澡」。

泡澡的重點在於「浸泡到肩部20分鐘後休息5分鐘」，並重複2次。由於時間有點兒長，這段時間可以看書或敷臉，同時進行瘦身和自我保養。早晨是最佳的泡澡時間，可幫助接下來一整天的「活動」變「運動」，提升代謝率。晚上泡澡當然也有一定的效果，所以請試試看吧！每週給自己2次泡澡的機會，試著打造舒適的泡澡時光。

健康生活③

1天可以做幾次瘦肚操呢？

「瘦小腹」的日常

把握生活中的零碎時間，在日常活動中加入瘦肚操吧！

「簡單」且「隨處可做」的瘦肚操，
無論在什麼樣的生活型態中，只要能夠善用零碎時間
就可以施行，一起來實踐看看吧！

文書工作OL
A小姐的情況

7:00	起床後做「瘦肚操」 ＊在電車上「踮腳尖站立」
9:00	上班
12:00	午餐時間在茶水間做「瘦肚操」
14:00	在洗手間做「瘦肚操」
17:00	下班
18:40	為了實踐「飲食新法」，晚上7點前吃完晚餐
19:30	邊看電視邊做「對症動作」
20:30	全身泡澡
22:30	睡前做「瘦肚操」和「夜間的骨盆矯正動作」
23:00	就寢

善用睡前的時間放鬆身體！

因為行政職務而以文書工作為主的A小姐，上班8小時幾乎都坐在椅子上。盡量利用午休或上洗手間等時間做動作。回家後也利用空閒時間進行各種對症動作。

POINT

長時間坐著工作時要盡量找時間站起來！

工時很長，每天都很忙
B小姐的情況

努力每天花1分鐘做1個動作！

B小姐從事銷售工作，是一位幹勁十足的職業婦女。工作從早忙到晚，沒有時間多做幾次動作。這種情況下只要掌握1天1次1個動作的原則，持續進行瘦肚操即可！

6:00	起床後做「**瘦肚操**」	
8:00	上班	
10:00	到各處銷售	＊利用交通時間「踮腳尖站立」並注意挺直背部！
12:00	吃午餐	
15:00	開會	＊坐著時不要靠在椅背上！
21:00	下班	
21:30	和同事聚餐	
23:00	回家，全身泡澡	
0:00	睡前做「**瘦肚操**」	

POINT

再忙碌也要注意姿勢！

利用小孩不在家的白天時間密集做動作！

全職媽媽，育有2個上小學孩子。在忙碌的早晨和夜間基本上只做瘦肚操，對症動作則全部利用白天孩子不在家時進行。在生活中加入塑身動作吧！即使在家裡也要注意姿勢的美麗，漂亮過生活。

育兒中的全職媽媽
C小姐的情況

6:30	起床後做「**瘦肚操**」	
7:30	吃早餐、送先生與孩子們出門	
8:00	打掃和洗衣等工作	＊注意姿勢，如「踮腳尖站立」等
10:30	休息片刻，進行「**瘦肚操**」	
12:00	吃午餐	
13:00	午餐後進行「**瘦肚操**」和「**對症動作**」	
15:00	購買晚餐食材	＊走路時注意姿勢！
18:30	為了實踐飲食新法，和孩子們一起在晚上7點前吃晚餐	
20:00	洗澡	＊泡澡到肩膀高度，慢慢溫暖身體
21:00	哄孩子睡覺	
22:00	就寢前做「**瘦肚操**」和「**夜間的骨盆矯正動作**」	

POINT

做家事時請記得要刻意活動身體！

健康生活④

挑戰2週瘦小腹計畫！

瘦小腹紀錄表

START！

第1天

下腹圍 cm
腰圍 cm
臀圍 cm
大腿圍 cm
上臂圍 cm
體重 kg

今日完成的動作・次數

memo

第2天

下腹圍 cm
腰圍 cm
臀圍 cm
大腿圍 cm
上臂圍 cm
體重 kg

今日完成的動作・次數

memo

第3天

下腹圍 cm
腰圍 cm
臀圍 cm
大腿圍 cm
上臂圍 cm
體重 kg

今日完成的動作・次數

memo

加油

第8天

下腹圍 cm
腰圍 cm
臀圍 cm
大腿圍 cm
上臂圍 cm
體重 kg

今日完成的動作・次數

memo

第9天

下腹圍 cm
腰圍 cm
臀圍 cm
大腿圍 cm
上臂圍 cm
體重 kg

今日完成的動作・次數

memo

第10天

下腹圍 cm
腰圍 cm
臀圍 cm
大腿圍 cm
上臂圍 cm
體重 kg

今日完成的動作・次數

memo

自己在意的
部位尺寸
要記錄下來哦！

再多做一下！

不要認輸！

第4天

下腹圍	cm
腰圍	cm
臀圍	cm
大腿圍	cm
上臂圍	cm
體重	kg

今日完成的動作・次數

memo

第5天

下腹圍	cm
腰圍	cm
臀圍	cm
大腿圍	cm
上臂圍	cm
體重	kg

今日完成的動作・次數

memo

第6天

下腹圍	cm
腰圍	cm
臀圍	cm
大腿圍	cm
上臂圍	cm
體重	kg

今日完成的動作・次數

memo

第7天

下腹圍	cm
腰圍	cm
臀圍	cm
大腿圍	cm
上臂圍	cm
體重	kg

今日完成的動作・次數

memo

持續就會成功！

第11天

下腹圍	cm
腰圍	cm
臀圍	cm
大腿圍	cm
上臂圍	cm
體重	kg

今日完成的動作・次數

memo

第12天

下腹圍	cm
腰圍	cm
臀圍	cm
大腿圍	cm
上臂圍	cm
體重	kg

今日完成的動作・次數

memo

第13天

下腹圍	cm
腰圍	cm
臀圍	cm
大腿圍	cm
上臂圍	cm
體重	kg

今日完成的動作・次數

memo

結束～

第14天

下腹圍	cm
腰圍	cm
臀圍	cm
大腿圍	cm
上臂圍	cm
體重	kg

今日完成的動作・次數

memo

恭喜！

寫在最後

謝謝你翻開了這本書，謝謝你看到了最後這一頁！

你覺得瘦肚操怎麼樣呢？或許會有人這樣想：「雖然動作簡單，但試著做看看之後意外地感到其實『並不簡單』。」

應該也有不少人一開始為了將動作做到位，全身上下沒有少吃苦頭，真是辛苦了！但請不要太勉強自己，相信自己，漸漸就會做出正確的動作。

書中介紹的瘦肚操其實是經過多次改良、多次更新的版本。我曾在自己的沙龍店和各種活動上請大家體驗，並接受大家的意見，就是希望能夠研發出更簡單的動作，展現出更好的效果。像這樣能夠將研發成果寫成書，也是托眾人之福。謝謝那些接受體驗並提供意見的人們，藉由這篇小文，我打從心底地向大家致謝。

希望大家能夠永保美麗、健康。

波多野賢也

1天1分鐘！瘦肚操!!

國家圖書館出版品預行編目資料

這次絕對告別小腹婆! 1天60秒瘦肚操 / 波多野賢也著；周欣芃翻譯.
-- 初版. -- 新北市：養沛文化館出版：雅書堂文化發行，2017.07
面；　公分. -- (SMART LIVING養身健康觀；109)
ISBN 978-986-5665-46-3(平裝)

1.塑身 2.姿勢

425.2　　106009605

SMART LIVING養身健康觀 109
這次絕對告別小腹婆！
1天60秒瘦肚操

作　　者／波多野賢也
翻　　譯／周欣芃
發 行 人／詹慶和
總 編 輯／蔡麗玲
執行編輯／李宛真
編　　輯／蔡毓玲・劉蕙寧・黃璟安・陳姿伶・李佳穎
執行美術／陳麗娜
美術編輯／周盈汝・韓欣恬
出 版 者／養沛文化館
發 行 者／雅書堂文化事業有限公司
郵政劃撥帳號／18225950
戶　　名／雅書堂文化事業有限公司
地　　址／新北市板橋區板新路206號3樓
電子信箱／elegant.books@msa.hinet.net
電　　話／（02）8952-4078
傳　　真／（02）8952-4084

2017年07月初版一刷　定價 280元

總經銷／朝日文化事業有限公司
進退貨地址／新北市中和區橋安街15巷1號7樓
電話／（02）2249-7714
傳真／（02）2249-8715

STAFF

插圖	高村あゆみ
設計	洪　麒閔（STUDIO DUNK）
模特兒	津山祐子（スペースクラフト）
攝影	奥村暢欣
造型	木村ゆかり
妝髮	aco（RICCA）
編輯協力	田中瑠子
編輯	青木奈保子　小川真梨子（STUDIO PORTO）
採訪協力	大関裕樹（ドリーム） http://mydream.co.jp/ 浅井香利　清水由希　野村由美子　松村ゆかり
服飾合作	ヨギー・サンクチュアリ（ロハスインターナショナル） http://yoggy-sanctuary.com/

Go
Go!

60秒＝1分鐘
1天只要1分鐘，
輕輕鬆鬆變美人！

加油！

漂亮！